BIBLIOTHÈQUE
DES MERVEILLES

PUBLIÉE SOUS LA DIRECTION

DE M. ÉDOUARD CHARTON

L'EAU

PARIS. — IMP. SIMON RAÇON ET COMP., RUE D'ERFURTH, 1

BIBLIOTHÈQUE DES MERVEILLES

L'EAU

PAR

GASTON TISSANDIER

Solide, liquide ou gaz, l'eau
est une des substances les plus
admirables de la nature.

TYNDALL.

TROISIÈME ÉDITION

REVUE ET AUGMENTÉE

OUVRAGE ILLUSTRÉ DE 86 VIGNETTES

PAR A. DE BAR, CLERGET, RIOU, JAHANDIER, ETC.

ET ACCOMPAGNÉ DE 6 CARTES

PARIS

LIBRAIRIE HACHETTE ET Cᵉ

79, BOULEVARD SAINT-GERMAIN, 79

1873

A

MON CHER MAITRE ET AMI

M. P.-P. DEHÉRAIN

DOCTEUR ÈS SCIENCES,

LAURÉAT DE L'INSTITUT (ACADÉMIE DES SCIENCES),

PROFESSEUR DE CHIMIE AU COLLÉGE CHAPTAL, A L'ÉCOLE CENTRALE

D'ARCHITECTURE,

ET A L'ÉCOLE D'AGRICULTURE DE GRIGNON, ETC.

PRÉFACE

DE LA TROISIÈME ÉDITION

En écrivant ce volume je n'osais me flatter d'obtenir du public un accueil aussi favorable. Les encouragements nombreux qui m'ont été adressés par des écrivains et des savants éminents, les sympathiques éloges que j'ai rencontrés dans les comptes rendus de la presse, m'ont vivement excité à l'améliorer et à compléter quelques-uns de ses chapitres, par des descriptions ou des aperçus nouveaux.

Cette troisième édition, où l'on remarquera neuf gravures qui ne figuraient pas dans les éditions précédentes, a été revisée avec le plus grand soin, et s'est accrue de pages inédites, de nombreuses notes explicatives.

Nous espérons que ce livre, où nous avons cherché à donner le tableau de quelques grands phénomènes de la nature et des résultats saillants qui découlent de leur observation, continuera à être apprécié par ceux qui aiment à nourrir leur esprit des saines notions de la science.

GASTON TISSANDIER.

Mai 1873.

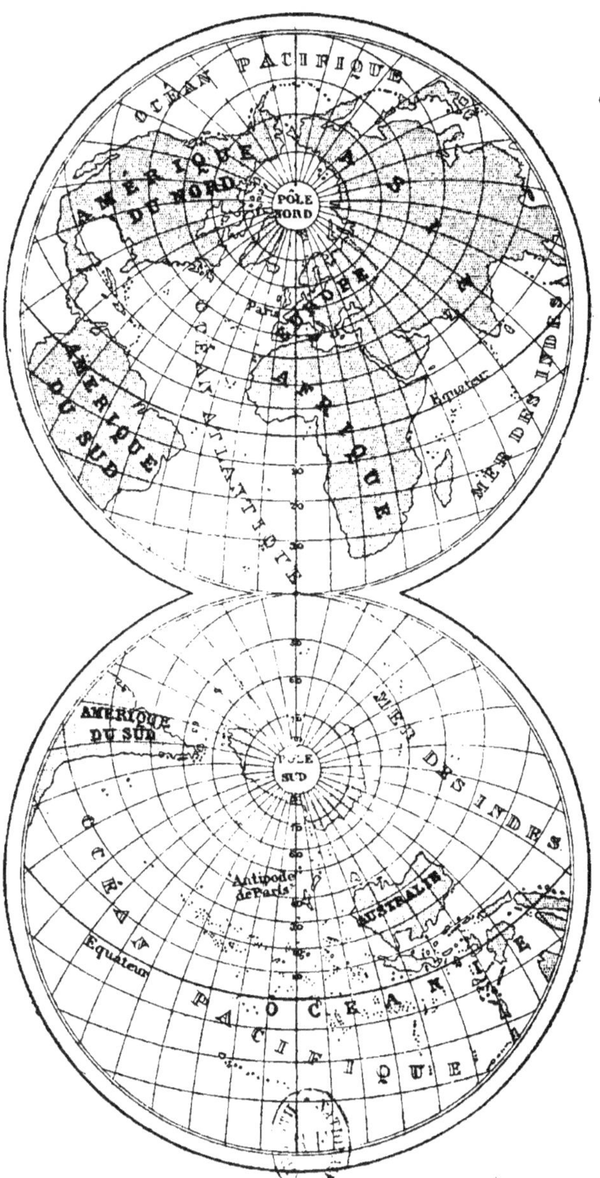

Carte I. — Rapport de superficie des mers et des terres.

I

L'OCÉAN

L'étude des divers phénomènes de la mer révèle à chaque pas de nouvelles merveilles.

Maury.

C'est la science qui a découvert, depuis moins d'un siècle, la véritable poésie de la mer. Les marins, en sondant les profondeurs de l'abîme, les météorologistes, en étudiant la charte des vents et les causes des tempêtes, ont beaucoup contribué à dissiper de vaines et superstitieuses terreurs. Depuis qu'on craint moins cette masse d'eau agitée, on l'admire davantage.

A. Esquiros.

CHAPITRE PREMIER

UN REGARD SUR LA MER

> Un marin placé au milieu de l'Océan éprouve,
> en contemplant sa surface, des sentiments ana-
> logues à ceux de l'astronome lorsqu'il observe les
> astres et interroge les profondeurs du ciel.
>
> MAURY.

Il n'est pas de spectacle plus imposant que celui de la mer.
« A l'aspect de l'Océan, celui qui aime à se créer un monde
à part où puisse s'exercer librement l'activité spontanée de
son âme, celui-là se sent rempli de l'idée sublime de l'infini[1]. » En voyant la marche incessante des vagues qui glissent doucement sur le rivage, l'écume fugitive qui disparaît
et paraît tour à tour, l'éternelle ondulation des flots qui se
balancent et se poursuivent avec un murmure plaintif, on
comprend que l'imagination inventive des hommes ait per-
sonnifié cette matière inerte ; on n'est plus étonné d'entendre
Schleiden, dans son poétique langage, comparer le mouvement de l'onde à une douce respiration.

L'observateur cherche surtout l'horizon lointain, mais le
cercle liquide dont il est le centre semble se dissiper dans
un contour vaporeux ; le ciel et l'eau s'unissent et se con-

[1] Humboldt.

fondent; il voudrait mesurer la profondeur et l'immensité
de l'abîme, mais son esprit indécis s'arrête devant les mystères qu'il devine sous le voile dont les a recouverts la nature.

ÉTENDUE

> Une immense quantité d'eau couvre la plus
> grande partie du globe.
>
> BUFFON.

« On peut voir l'Océan partout. Partout il apparaît, imposant et redoutable..... Sur le globe, l'eau est la généralité, la
terre l'exception[1]. » Il est toutefois bien difficile d'évaluer
exactement la superficie des mers : les mouvements lents du
sol qui s'abaisse ou s'élève, les vagues qui découpent sans
cesse les rivages rocheux, les bancs de madrépores et des polypiers qui grandissent de jour en jour au sein des eaux, modifient constamment le relief des continents et soumettent la
carte du monde à d'éternelles variations. On sait cependant
que la mer occupe environ les deux tiers de la surface du
globe. Cette surface étant de 5,100,000 de myriamètres carrés, celle de l'Océan est évaluée à 5,700,000.

Les mers sont inégalement réparties sur le globe; l'hémisphère austral est pourvu d'eau, bien plus abondamment
que l'hémisphère boréal; la sphère terrestre se trouve ainsi
divisée en deux parties égales, dont l'une est à peu de chose
près le monde de la mer, et l'autre le monde de la terre
ferme. La carte I montre, en effet, nettement que, sauf l'Australie et une faible partie du sud de l'Amérique, une moitié
du globe est exclusivement le domaine de l'élément liquide.

---

[1] Michelet.

PROFONDEUR

> Nous remarquons autant d'inégalités dans le
> fond de la mer que sur la surface de la terre.
> Buffon.

Pendant bien des siècles, on n'eut sur la profondeur des mers que des idées confuses. Les premiers peuples voyaient dans cette immense nappe liquide une barrière infranchissable, un gouffre redoutable, sans limite et sans fond. Comment, en effet, mesurer l'épaisseur de cette couche liquide? Les sondes jetées paraissent s'aventurer au hasard dans un monde inconnu; il semblerait que l'Océan repousse les efforts des navigateurs qui osent pénétrer ses abîmes. L'opération du sondage de la mer offre de grandes difficultés; la ligne de sonde, sans cesse entraînée par des courants marins, s'enfonce obliquement, au lieu de suivre une direction verticale; elle continue à *filer*, alors même qu'elle a touché le fond de la nappe liquide.

Cependant d'ingénieux appareils ont permis de remédier à ces inconvénients : l'illustre Maury, et nombre d'autres navigateurs, à différentes reprises, sont arrivés à fixer des mesures certaines ; c'est surtout au moyen de la sonde de Brooke, que les résultats les plus satisfaisants ont été obtenus. Après avoir touché le fond des mers, cet appareil, ramené à la surface des eaux, rapporte de précieux échantillons de son voyage sous-marin[1]. Un boulet pesant 50 kilogrammes est percé

---

[1] C'est dans le plateau de l'Atlantique que l'appareil de Brooke a rapporté les premiers échantillons du fond de l'Océan. D'une apparence terreuse, la matière extraite des profondeurs de la mer était composée de coquilles microscopiques parfaitement conservées, appartenant à la famille des *foraminifères*. Dans l'océan Indien, au contraire, on a trouvé, à 3,900 mètres de profondeur, des spicules d'éponge incrustées de silice. Il se forme donc au fond des mers des terrains de nature diverse, calcaires ou siliceux.

d'une ouverture diamétrale à travers laquelle peut glisser librement une tige de fer, terminée à sa partie inférieure par une cavité cylindrique. Aussitôt que la tige a touché le fond, le boulet, détaché par suite du changement de position

Fig. 1. — Sonde de Brooke.

d'un levier articulé, reste au fond des eaux, et la tige seule est facilement ramenée à la surface de la mer. La figure 1 montre à gauche la sonde avant qu'elle ait touché le fond, et à droite le boulet tombant par suite du choc du système contre la terre ferme.

CARTE DES PROFONDEURS DE L'OCÉAN ATLANTIQUE

Carte II.

La profondeur moyenne de l'Océan est de 5,000 mètres, d'après Humboldt ; d'après Young, celle de l'océan Atlantique serait de 1,000 mètres, et celle de l'océan Pacifique de 4,000. Dupetit-Thouars a opéré deux sondages célèbres, l'un dans le Grand Océan méridional, où il a trouvé un fond à 4,000 mètres, l'autre dans le Grand Océan équinoxial, dont la profondeur est de 5,790 mètres. Non loin des côtes des États-Unis, le lieutenant américain Welsh a jeté au milieu des eaux une ligne de sonde verticale longue de 10,000 mètres. Cette observation est en contradiction avec les calculs de la Place, qui, d'après l'influence exercée sur notre planète par le soleil et la lune, prétend que la profondeur des mers ne doit pas excéder 8,000 mètres.

Quoi qu'il en soit, il est actuellement démontré que l'Océan peut atteindre de grandes profondeurs, et il est curieux de remarquer que ces cavités de l'épiderme terrestre ne dépassent généralement pas la hauteur des sommets les plus élevés des montagnes de l'Inde ou de l'Amérique. Parfois aussi la mer couvre la croûte terrestre d'un mince couche d'eau ; à l'embouchure du Pô, elle n'a pas une profondeur de plus de 44 mètres ; le fond de la Baltique se rencontre toujours en deçà de 200 mètres, et nos monuments ne seraient pas entièrement engloutis dans certaines parties de l'Océan.

Le dôme du Panthéon de Paris dépasserait le niveau des eaux du pas de Calais, et la faible profondeur du détroit qui sépare la France des îles Britanniques permet d'espérer que les deux pays seront un jour unis par un tunnel sous-marin.

On ne tardera pas à connaître avec plus de certitude le fond des mers. Maury, l'ancien directeur de l'observatoire de Washington, que la mort vient d'enlever à la science, a construit une admirable carte géographique du bassin de l'Atlantique. Sur cette carte, que nous reproduisons, les teintes foncées représentent les profondeurs de 7,000 mètres environ, les teintes les plus claires celles de 1,800 à 2,000 mètres (*carte* II).

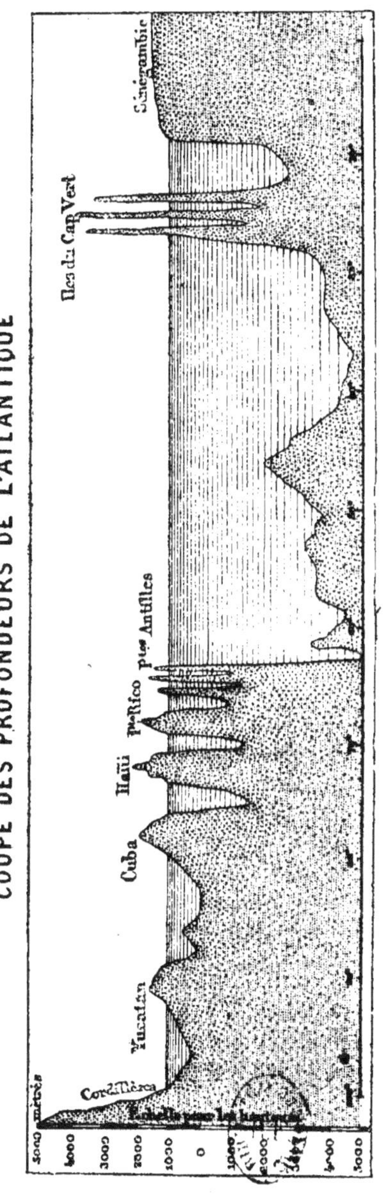

Ces mêmes profondeurs, vues en profil, apparaissent avec leurs irrégularités, et la coupe verticale de l'immense fossé qui sépare le nouveau monde de la vieille Europe nous montre combien est accidenté le sol enfoui sous l'immensité des eaux (*carte* III). Si la mer abandonnait et mettait à nu ce vaste sillon, que de vestiges de naufrages ne retrouverait-on pas dans les rides des bas-fonds! « Alors apparaîtrait, sans doute, ce terrible mélange d'ossements humains, de débris de toutes sortes, d'ancres pesantes, de perles précieuses, dont l'image fantastique a troublé bien des songes [1]. »

Le fond de la mer est formé de montagnes et de vallées, de plateaux et de proéminences, de ravins et d'escarpements, de collines et de plaines. Nos continents ne sont que les som-

[1] Maury, *Géographie physique de la mer*.

Le fond du grand océan équinoxial et celui de la mer des Indes ont
été représentés en pointillé, les documents étant trop rares pour qu'on
puisse les déterminer avec précision.

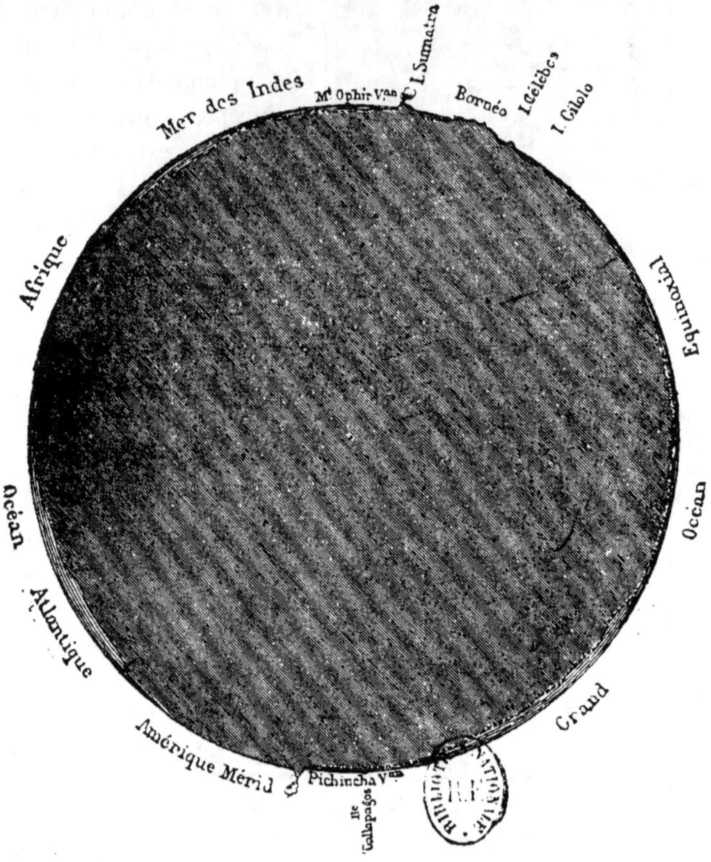

COUPE ÉQUATORIALE DE LA TERRE.

L'échelle des profondeurs est cinquante fois plus grande que celle
des longueurs.

Fig. 2.

mets non immergés de ces montagnes, et les parties sèches
du globe apparaissent plus ou moins, selon ce que la mer en
découvre; les eaux, obéissant aux lois de la pesanteur, se
rassemblent, en raison de leur mobilité, dans les grands bassins et s'étendent sur les parties les plus basses de l'enveloppe terrestre. Si la surface du globe, au lieu d'être acci-
dentée et rugueuse, était lisse et unie comme une bille d'ivoire,
l'Océan la couvrirait tout entière d'une couche liquide de 200
mètres environ d'épaisseur.

Cette pellicule d'eau serait bien peu de chose, relativement au diamètre terrestre : la figure 2, où nous donnons
la coupe de notre planète, montre approximativement le rapport qui existe entre le volume des eaux de la mer et celui
du globe où nous vivons.

En prenant une moyenne de 4,000 mètres pour la profondeur des mers, on a calculé que l'Océan occupait un volume de 2,250,000,000 de mètres cubes d'eau. Pour contenir toute cette masse liquide, il faudrait une bouteille sphérique de 50 à 60 lieues de diamètre?

La nappe d'eau qui cache presque entièrement la surface
du globe est considérable, relativement aux parties sèches
qu'on appelle la terre ferme; mais elle est bien peu de chose
si on la compare à la masse totale de notre planète. Si nous
divisions le globe entier en 1,687 parties égales en poids, et
que nous prenions une seule de ces parties, nous aurions le
poids total des eaux de l'Océan.

COULEUR

Cæruleum mare.
Virgile.

L'eau de la mer, emprisonnée dans une carafe, paraît incolore; mais, vue des côtes, elle est généralement d'un beau
vert. Quand on s'éloigne du rivage, elle prend une nuance

azurée. Les mers polaires ont une teinte bleue d'outre-mer (Scoresby) ; la Méditerranée est bleue céleste (Costaz), et les poëtes même ne sauraient décrire les admirables effets de couleur de la baie de Naples, quand les rayons du soleil en font jaillir mille feux, comparables à ceux du saphir ou de l'émeraude.

La mer Noire doit son nom à ses tempêtes fréquentes, la mer Blanche à ses glaces flottantes.

La couleur naturelle des eaux est souvent modifiée par la présence d'animaux et de végétaux ; c'est ainsi que les mers polaires sont parfois sillonnées de myriades de méduses, dont la nuance jaune, unie à la couleur bleue de l'eau, produit le vert. Certaines parties de l'Océan deviennent tout à coup blanches comme du lait ; d'autres fois, elles présentent la coloration du sang. Ces phénomènes singuliers, déjà relatés par les auteurs anciens, sont dus à une infinité d'algues qui se laissent bercer par l'onde, dont elles masquent la couleur. La mer Rouge a souvent présenté l'aspect d'une mer de sang ; le 15 juillet 1845, on vit pendant deux jours la couleur naturelle des flots disparaître comme sous une pellicule de carmin. Des faits analogues, signalés à l'attention des savants, ont encore été observés dans le golfe d'Oman, et non loin du Tage, où les matelots du navire *la Créole* virent, en 1845, les eaux de l'Atlantique se couvrir d'un manteau de pourpre, qui s'étendit rapidement sur une surface de 16 kilomètres carrés. Ces colorations accidentelles ont pendant longtemps été la source de terreurs superstitieuses ; mais on a cessé de voir aujourd'hui, dans l'apparition fortuite d'algues microscopiques flottant à la surface de l'onde, les signes de la colère du ciel ou de funestes présages.

C'est principalement au milieu du Pacifique et de la mer des Indes que l'Océan se montre prodigue de ces légions innombrables d'animalcules, qui colorent la surface des eaux. Le 27 juillet 1855, un capitaine américain, Klingman, vit un soir la surface d'une partie du Pacifique se colorer en

blànc comme si des massifs de neige en couvraient l'étendue.
« Nous remplîmes de cette eau, dit ce navigateur, une
baille d'environ 270 litres, et nous reconnûmes qu'elle était
pleine de petits corps lumineux, qui, lorsqu'on agitait l'eau.
offraient l'aspect de vers et d'insectes en mouvement... J'ai
déjà observé ce phénomène de coloration blanche dans
plusieurs mers du globe, mais jamais je ne l'avais vu aussi
complet soit pour la teinte, soit pour l'étendue. Bien que
le navire filât neuf milles à l'heure, il glissait dans l'eau sans
y produire aucun bruit. L'Océan semblait une plaine couverte de neige, et son éclat phosphorescent était tel que le
ciel, malgré sa pureté, laissait à peine voir les étoiles de première grandeur. L'horizon était noir jusqu'à une hauteur
d'environ 10°, absolument comme s'il se fût préparé quelque mauvais temps, et la voie lactée du firmament semblait effacée par la blancheur de celle que nous traversions.
C'était, un effet, aussi grandiose qu'effrayant; on eût dit que
la nature préparait une de ces conflagrations dernières qui
doivent, dit-on, annihiler un jour notre monde matériel [1]. »

Pendant la nuit, même dans nos climats, la mer s'éclaire
souvent de lueurs étranges, et l'écume blanchâtre est remplacée par des rubans de feu qui se déroulent jusqu'à perte
de vue; chaque vague, en roulant sur elle-même, brille d'une
mystérieuse clarté, chaque flot lance des rayons lumineux.
Ces effets sont dus à la phosphorescence d'une infinité d'animalcules qui viennent éclairer les ondulations des flots, pendant que les étoiles illuminent la voûte du ciel. Rien n'est
plus émouvant que ce spectacle, qui se manifeste dans
toute sa splendeur et sous les aspects les plus variés à

[1] Autour des îles Maldives, la mer est noire; elle est blanche dans le
golfe de Guinée. Entre la Chine et le Japon elle est jaunâtre; rouge près
de la Californie, et verdâtre dans les Canaries et les Açores. Ces différentes nuances proviennent des substances colorantes que les eaux tiennent en dissolution, ainsi que des animalcules et des végétaux microscopiques qui s'accumulent à leur surface. (E. Margollé.)

la surface des mers du Sud. Les marins parlent d'énormes boulets enflammés qui semblent rouler sur l'onde, de cônes de lumière pirouettant sur eux-mêmes, de guirlandes et de serpenteaux étincelants, de nuages éclatants qui errent sur les flots au milieu des ténèbres. Le phénomène est ici compliqué par le mirage, et la danse nocturne des animalcules phosphorescents peut expliquer ces merveilles. La mer n'est pas un vaste désert liquide; il n'est pas une seule goutte de son eau qui ne soit accessible aux manifestations de la vie, et où la prodigieuse fécondité de la nature ne fasse agir tout un monde animé.

Le limon noir, le sable jaune, qui tapissent le fond de la mer, modifient la couleur des eaux transparentes, peu profondes, et produisent les effets les plus divers, dus à la réfraction et aux jeux de la lumière. L'état du ciel est encore une autre cause de variation, et l'Océan peut être considéré comme un vaste miroir changeant d'aspect suivant les images qui s'y reflètent : noir et sombre quand des nuages épais cachent les rayons du soleil, il se revêt de mille feux étincelants, quand la voûte du firmament est transparente et azurée. La nature, a dit le poëte,

> .Fit les cieux pour briller sur l'onde,
> L'onde pour réfléchir les cieux.

Il est probable néanmoins que l'eau a une couleur propre, qui paraît être le bleu ou le vert; elle serait, sous ce rapport, analogue à l'air, incolore sous une faible épaisseur, et bleu quand nos yeux peuvent en sonder les profondeurs.

Quand on descend dans l'Océan, on voit se dissiper les nuances d'émeraude, la lumière du jour s'efface graduellement, on pénètre peu à peu dans un crépuscule sinistre, et on ne tarde pas enfin à être enseveli sous d'épaisses ténèbres.

TEMPÉRATURE

L'Océan se partage en trois immenses bassins thermiques :
les deux premiers, situés aux pôles ; le troisième, intermé-
diaire entre les deux autres, est situé près de l'équateur. La
température de la mer, chauffée par l'action des rayons solaires sous l'équateur, est assez élevée ; mais, à une profondeur de 1,200 brasses, elle s'abaisse jusqu'à 4°. A mesure
qu'on s'éloigne de la ligne, la couche liquide de 4° se rap-
proche de la surface, et, à partir du 45° de latitude, on la
rencontre à 600 brasses environ. A cette distance de l'équa-

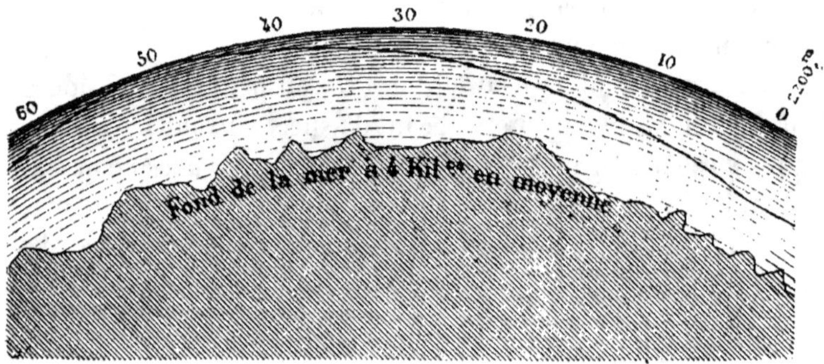

Fig. 3. — Nappe d'eau supposée à la température de 4 degrés.

teur, il paraît exister, tout autour du globe, une ceinture où
la température de l'Océan est constante et uniforme pour
toutes les profondeurs. En s'éloignant de cette limite pour
se rapprocher du pôle, la couche de température constante
est abaissée, et on ne la trouve qu'à 750 brasses vers le 70°.
Comme le représente la figure 3, la nappe de température
uniforme décrirait au sud de l'équateur une longue courbe,
n'effleurant la surface de l'eau qu'en un seul point.

Enfin, autour des pôles, la surface de l'eau est gelée et
des glaciers formidables y flottent pendant toute l'année.

D'immenses montagnes de glace sont constamment charriées par les eaux, et la lumière, se jouant dans ces masses transparentes, y produit un des plus admirables spectacles qu'il soit donné à l'homme de contempler (*fig. 4*).

Des scènes vraiment magiques rompent la monotonie de ces contrées arctiques, où toute une architecture de glace s'offre au regard ébloui du voyageur ; les frissons du vent semblent imprimer une ondulation légère aux aiguilles transparentes, aux portiques flottants, puis tout s'efface comme par enchantement, pour reparaître sous des formes nouvelles, et là où pas un atome de végétation ne témoigne de la vitalité de la terre et ne charme les yeux, le ciel produit des tableaux saisissants. Mais aussi à quel prix peut-on contempler ces prodiges? Il faut traverser les heures de la longue nuit arctique, il faut vivre pendant des mois entiers au milieu d'effrayantes solitudes cachées sous les ténèbres : tout semble alors être mystère et sujet de crainte, et les glaces qui, par leur choc, se brisent avec des bruits étranges, remplissent l'âme des plus funestes pressentiments. Quelle émotion, quand l'astre qui nous prodigue la chaleur et la vie ne remonte plus à l'horizon !

Ces montagnes de glace que charrie l'Océan flottent généralement, comme l'ont prouvé de consciencieuses observations, des terres australes dans la direction de l'équateur. Elles sont l'effroi du marin, qui ne s'en approche guère de plus d'un kilomètre. Ces amas d'eau solidifiée n'offrent pas le même aspect dans l'hémisphère antarctique et dans l'hémisphère opposé. Ce ne sont plus là des aiguilles et des dômes aux contours bizarres, mais plutôt des murs à pic, des falaises flottantes, des blocs géométriques, quelquefois parfaitement cubiques (*fig.* 5 et 6).

« Pareilles à de gigantesques vaisseaux, dit M. Élisée Reclus, les masses énormes de montagnes de glace échouent sur des protubérances du fond sous-marin, là où la sonde n'atteint pas même autour d'elles, le lit de la mer à plusieurs

Fig. 4. — Montagne de glace flottante, vue par J. Ross, près des côtes du Groënland.

centaines de mètres. Arrêté dans son mouvement de dérive vers le Sud, le bloc puissant se désagrége peu à peu, ou se partage en fragments qui vont à leur tour échouer plus loin

Fig. 5. — Montagne de glace, d'après Wilkes.

sur quelque autre banc moins profond. Chaque jour, les vagues fondent et démolissent de grandes quantités de glaces. Celles-ci s'allègent en même temps des graviers et des pierres dont elles étaient chargées, et de cette manière ne cessent

Fig. 6. — Montagne de glace, d'après Wilkes.

d'exhausser le fond marin. Tous les ans, de nouvelles couches de rochers, de cailloux et de terres provenant des montagnes du Groënland et des archipels du Nord de l'Amérique se déposent ainsi sur le banc de Terre-Neuve et dans les mers voisines, jetant les fondements d'un continent futur. »

CHAPITRE II

LES MOUVEMENTS DE LA MER

AGITATION SUPERFICIELLE

La vague suit la vague, et l'onde pousse l'onde.

DELILLE.

L'eau de la mer est dans une éternelle agitation; sa surface obéit sans cesse à l'impulsion du vent, les vagues frappent constamment les rochers du rivage. On dirait, à voir cette lutte incessante de la terre et de l'eau, ce combat perpétuel que se livrent le solide et le liquide, que la matière inerte, jalouse de l'être organisé, veut imiter l'activité de la vie. On se demande, à la vue des flots qui ébranlent la falaise, si cette masse mouvante est une chose, un élément inorganique; on est tenté de croire qu'un souffle de vie anime ces vagues douées de mouvement. Ne ressemblent-elles pas, en effet, à un être qui a ses instants de calme, ses heures de colère, et dont la voix souvent harmonieuse et douce peut devenir menaçante ou plaintive, comme les cris qui s'échappent d'une poitrine oppressée?

Les flots de l'Océan, majestueux et tranquilles, sont parfois soumis à de terribles convulsions : alors ils bondissent et retombent sur eux-mêmes, ils se poursuivent, s'élèvent et ruissellent en torrents d'écume; pendant les fortes tempêtes, les navigateurs les ont vus atteindre une hauteur de 14 mètres. En heurtant les rochers du rivage, ils se meuvent avec une terrifiante vitesse et acquièrent une puissance irrésistible. En 1822, dans la baie de Biscaye, les vagues avaient jusqu'à 4,000 mètres d'amplitude, et marchaient aussi vite qu'une locomotive. Ces convulsions de la mer ne se font jamais sentir à plus de 200 mètres de profondeur; la nature a pris soin de sauvegarder ainsi les myriades d'êtres vivants qui peuplent l'Océan, en leur permettant de trouver toujours, à une certaine distance du niveau des eaux, une onde calme et sereine.

Les vagues les plus fortes font subir des chocs impétueux aux escarpements sous-marins, et tendent à s'élever dans l'air sous forme de pluie ou de fusée liquide; mais leur marche est entravée par les couches d'eau supérieures. Un obstacle si puissant augmente leur fureur. Ces espèces de courants ascendants se métamorphosent en *flots de fond*, qui heurtent le rivage avec une extrême violence. Des masses liquides de 50 mètres de hauteur, d'un poids de plusieurs millions de kilogrammes, sont élevées au-dessus de la surface de l'onde et retombent avec un bruit formidable, en faisant trembler les côtes.

Ces flots gigantesques se rencontrent dans presque toutes les mers; à l'approche des côtes, ils donnent naissance aux *brisants*, qui sont un juste objet de crainte pour les navigateurs; à l'embouchure des fleuves, ils produisent les *mascarets*. Ce dernier phénomène prend des proportions prodigieuses sur les rives de l'Amérique, où se jettent dans la mer les artères fluviales les plus vastes du monde. A l'époque des grandes marées, rien n'est plus terrible que la lutte des flots de l'Océan contre le courant de l'Amazone. Au lieu d'opérer son mouvement ascendant en six heures, la mer monte en trois minutes. Toute la largeur du fleuve est envahie par une onde immense, épaisse de 5 mètres, par une légion de flots qui se succèdent et remontent le courant, en faisant retentir l'air d'un fracas épouvantable. Tous les obstacles sont renversés et brisés, tous les arbres sont arrachés et déracinés, des plaines entières sont soulevées et entraînées, tout est balayé jusqu'à 200 mètres du rivage.

Certaines agitations des flots produisent dans d'autres parties de l'Océan les tourbillons, non moins redoutables. Parmi les tourbillons de la mer, le plus célèbre est le *Maelstrom*. C'est un gouffre toujours béant, toujours prêt à ensevelir le navire dont il peut s'emparer; c'est une trombe éternelle et permanente, qui fait sentir la violence de ses effets, dans le district de Lofoden, en Norvége, et en général dans les mers du Nord. Des vagues d'une hauteur prodigieuse, des montagnes liquides, animées d'un mouvement rapide, vertigineux, se précipitent de tous les points de l'horizon. Elles accourent et se dirigent vers le même point, elles se poursuivent avec fureur, et tout à coup disparaissent comme englouties dans un profond abîme.

Le Maelstrom, le *nombril de la mer*, comme l'appelaient les anciens, attire, aspire tout ce qui flotte sur l'onde. Malheur au vaisseau qui s'approche du tourbillon : il est entraîné par une force irrésistible, il est soulevé par toute une armée de flots qui l'engouffrent dans des abîmes dont nul mortel n'a sondé l'étendue.

LES MARÉES

> Si les eaux offrent à nos yeux des sujets de surprise, c'est principalement dans le spectacle du flux et du reflux de la mer.
>
> PLINE.

Les vagues sont les caprices de l'Océan; elles varient suivant les localités, suivant l'intensité du vent, et ne sont réglées par aucune force constante dans ses effets. La mer est douée d'autres mouvements plus réguliers, qui peuvent être considérés comme les rouages les plus admirables du grand mécanisme de la nature. Notre globe est isolé dans l'immensité du monde, mais il n'y est pas solitaire. Sans cesse soumis à l'influence des astres qui peuplent l'espace, il obéit à leur attraction : il est en rapport avec les cieux. De même que la fleur regarde le soleil et se tourne vers lui, deux fois par jour, l'Océan gonfle son sein et se soulève, sous la puissante attraction du soleil et de la lune. L'action combinée de ces deux astres entraîne chaque jour autour du globe deux ondes immenses, qui s'élèvent à leur plus grande hauteur, à l'époque des nouvelles et des pleines lunes. Pendant six mois, les plus fortes marées ont lieu le jour, et la nuit pendant les six autres mois de l'année ; elles envahissent alors les côtes pour baigner les rivages généralement à l'abri du contact des eaux. Les marées les plus considérables s'élèvent en pleine mer à une hauteur de 65 centimètres environ ; mais, à l'approche du littoral des continents qui semblent opposer des barrières à leur envahissement, elles se précipitent avec rapidité, franchissent tous les obstacles, et peuvent s'élever jusqu'à 20 mètres au-dessus de leur niveau moyen.

Toutes les mers subissent cette merveilleuse influence des marées ; partout, sur l'empire de l'onde, le flux et le reflux soulèvent et abaissent la surface liquide. Sans cesse contrariées, modifiées par la forme des côtes, par les escarpements, par les courants, par la force des vents, les marées font surtout sentir leur action dans les détroits et dans les golfes. Ainsi les plus hautes d'entre elles prennent naissance dans le golfe de Saint-Malo, dans le canal de Bristol, au détroit de Pentland. Leur hauteur verticale est de 17 mètres à Ouessant, de 15 mètres entre Jersey et Saint-Malo, de 20 à 25 mètres près de la côte sud de la baie de Fundy. Aux régions polaires, Franklin a constaté que le flux ne s'était jamais élevé à plus de 20 pouces et quelquefois même à 3.

On a souvent affirmé que les eaux de la Méditerranée n'étaient pas soumises aux oscillations de la marée; cette assertion a été démentie par des observations faites à Toulon, à Venise, à Alger, où l'on a constaté le mouvement du flux et du reflux. Dans toutes les mers d'une petite étendue, et en général dans tous les lacs, les marées ne prennent pas naissance, au moins d'une manière sensible. Ce fait est très-facilement explicable. Quand la marée est haute dans une partie de l'Océan, elle est basse à 90 degrés de ce lieu, et le promontoire liquide se forme aux dépens des eaux qui l'environnent; dans les lacs d'une petite étendue, cette espèce de compensation est impossible, et le flux ne peut élever la surface de l'onde. Ces faits, souvent présentés comme une objection à l'explication newtonienne des marées, en sont donc au contraire une complète confirmation.

Les marées nettoient et humectent nos rives, purifient et balayent nos ports; les courants qui en résultent débarrassent nos rades des amas de limon qui les encombrent, déblayent l'embouchure des fleuves, et font sentir, à leur approche, les salutaires effets d'une fraîcheur pure et vivifiante. Ces ondulations de l'Océan, ces puissantes pulsations de l'onde, sont commandées par des astres que des millions de lieues séparent de notre planète; ils n'en ont pas moins la régularité toute mathématique qui préside aux voyages de ces corps planétaires. A heure fixe, la formidable masse d'eau, soulevée par un ressort invisible, s'élève et monte sur le rivage. Elle monte; elle se précipite avec une irrésistible puissance, pour s'arrêter doucement au moment prévu, sans dépasser la limite que lui a tracée la nature. N'est-ce pas un honneur pour le génie humain d'être arrivé à calculer l'heure, la minute où commenceront, où finiront en tout lieu les oscillations de la mer?

LES COURANTS

> Nous remarquons dans la mer des courants
> rapides dont les limites paraissent aussi inva-
> riables que celles qui bornent les efforts des
> fleuves de la terre.
>
> BUFFON.

Il existe dans la mer des courants immenses qui peuvent être regardés comme de véritables fleuves au sein de l'Océan : artères d'un grand système circulatoire, ils jouent un rôle admirable dans les harmonies du globe. Ils établissent une sorte d'équilibre entre les températures extrêmes des divers climats, transportent vers les pôles l'eau chaude des tropiques, et ramènent l'eau froide de la région glaciale vers les contrées torrides du sphéroïde terrestre.

Christophe Colomb, un des premiers, signala les courants de la mer : il reconnut, dès son second voyage, que les eaux de certaines parties de l'Atlantique suivent la direction du mouvement apparent des astres : « *Las aguas van con los cielos :* Les eaux, dit le grand navigateur, marchent avec le ciel. »

La géographie physique de l'Océan est une science encore nouvelle, due à l'initiative d'un esprit puissant et fécond, le commandant Maury, et il n'y a pas longtemps que la route de quelques courants marins est rigoureusement déterminée : on sait toutefois, dès à présent, que cette marche des fleuves de l'Océan est aussi régulière que celle des corps célestes qui peuplent l'espace.

Entre les tropiques, dans toutes les mers, on rencontre un courant équatorial qui se meut de l'est à l'ouest ; mais le plus puissant et le mieux connu de ces courants est le *Gulf-stream* ou *courant du golfe*.

Il est le prolongement du courant équatorial de l'Atlantique, dont la source est encore douteuse. Ce courant équatorial, après avoir côtoyé l'Afrique occidentale, s'infléchit à l'ouest et se dirige vers l'Amérique en s'élargissant sans cesse. A quelque distance de la côte, une branche s'en détache, descend vers le sud, et forme le courant brésilien (voir *carte* IV). L'artère principale, au contraire, remonte au nord, côtoie la Guyane, reçoit dans son sein les eaux de l'Amazone et de l'Orénoque, et pénètre dans le golfe du Mexique, dont il contourne les côtes.

Ce golfe, situé sous la zone torride, est partout entouré de hautes montagnes qui y concentrent les rayons solaires comme au fond d'un vaste entonnoir et y engouffrent les feux d'un climat brûlant. C'est de ce foyer que le courant équatorial s'échappe : on lui a donné le nom de Gulfstream. Il se précipite à travers le détroit de la Floride et produit un flot impétueux de 500 mètres de profondeur et de 14 lieues de largeur. Il court avec une vitesse de 8 kilomètres à l'heure. Ses eaux, chaudes, salées, sont d'un bleu indigo, et diffèrent de leurs rives vertes formées par l'onde de la mer. Cette masse formidable détermine sur son passage une agitation profonde et suit ainsi son cours sans se mêler à l'Océan. Comprimées entre deux murailles liquides, les eaux du Gulfstream forment une voûte mouvante qui glisse sur l'empire des mers, en repoussant au loin tout objet qu'on y jette en dérive. C'est un vaste fleuve au milieu de l'Océan. « Dans les plus grandes sécheressès jamais il ne tarit, dans les plus grandes crues jamais il ne déborde. Ses rives et son lit sont des couches d'eau froide. Nulle part dans le monde il n'existe un courant aussi majestueux. Il est plus rapide que l'Amazone, plus impétueux que le Mississipi, et la masse de ces deux fleuves ne présente pas la millième partie du volume d'eau qu'il déplace [1]. »

A l'aide du thermomètre, le navigateur peut suivre la

___

[1] Maury.

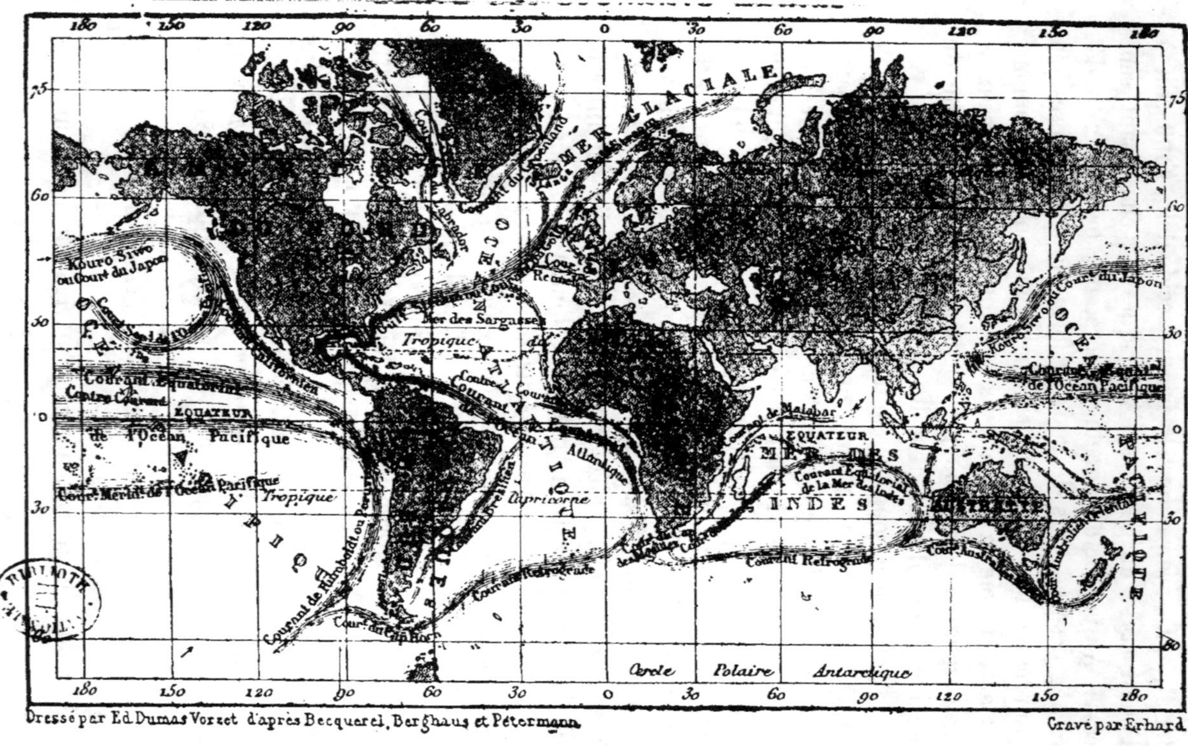

Dressé par Ed. Dumas Vorzet d'après Becquerel, Berghaus et Pétermann.

Gravé par Erhard.

Carte IV.

grande veine liquide ; l'instrument, successivement plongé dans ses rives et dans son sein, indique des températures qui diffèrent de 15 degrés.

Puissant et rapide, le Gulfstream se dirige vers le nord, en suivant les côtes des États-Unis jusqu'au banc de Terre-Neuve. Là il subit le choc terrible d'un courant polaire qui charrie des *ice-bergs* énormes, de véritables montagnes de glace tellement puissantes, que l'une d'elles, pesant plus de 20 billions de tonnes, entraîna à trois cents lieues vers le sud le vaisseau du lieutenant de Haven. Le Gulfstream, aux eaux tièdes, dissout les glaces flottantes ; les ice-bergs sont fondus, et les terres, les graviers, les fragments de rocher même qu'ils transportaient sont engloutis au sein des eaux. Les myriades d'infusoires ou d'animalcules qui pullulent dans le Gulfstream s'accumulent encore sur les monceaux de pierre. Les rocs, les matières terreuses, les débris de toute sorte, sont entassés, amoncelés, agglomérés pêle-mêle. Ils s'élèvent ; ils dépasseront le niveau de l'Océan pour former un jour des îles, et peut-être des continents. Déjà les bancs de Terre-Neuve se sont ainsi produits.

Le Gulfstream est vaincu dans ce combat formidable. Il est brisé par un choc aussi impétueux, et se subdivise en plusieurs courants. L'un d'eux s'élance au nord-est et va fondre les glaces de Norwége, dont il tiédit le climat. Il trouve encore assez de vigueur pour aller rejoindre l'Islande, et jeter sur les côtes de cette île des troncs d'arbres et des débris de bois qu'il a pris aux rivages du nouveau monde. C'est la seule provision de combustible que les habitants de l'Islande, gelés au pied d'un volcan, puissent mettre à profit.

Son bras droit pousse à l'est et se dirige vers les îles Britanniques, qu'il entoure d'une ceinture liquide, bienfaisante et tiède. Il anime l'Écosse et y fait verdir les prairies.

Son bras gauche pénètre dans la mer de la Manche, fait croître le figuier en Bretagne, et donne aux primeurs de Ros-

tock la maturité qui les fait rechercher des gastronomes.
Sans ce courant généreux qui prodigue les bienfaits d'une
douce chaleur, l'Écosse aurait la température de la Sibérie,
qui, située sous la même latitude, est soumise à l'action d'un
froid de 20 degrés au-dessous de zéro; sans lui les hivers
seraient plus rigoureux en Bretagne [1].

« Le calcul nous montre, dit Maury, que la quantité de
chaleur spécifique journellement entraînée à l'Océan, par le
Gulfstream, serait suffisante pour porter des montagnes de
fer de 0° degré au point de fusion, et pour faire sortir de
leurs flancs un fleuve de métal liquide plus considérable que
le volume d'eau mis chaque jour en mouvement par le
Mississipi. »

Enfin, le Gulfstream, affaibli, épuisé, se porte vers le Portugal et l'Afrique, dont il rafraîchit les côtes, après avoir
perdu toute sa chaleur dans les contrées du Nord; il longe
les îles du Cap et se mêle au courant équatorial qui le ramène à son foyer brûlant.

Pendant l'hiver, l'atterrage sur la côte des États-Unis est
pénible et dangereux; sur cette rive, le marin est exposé aux
tempêtes de neige, aux coups de vent glacés, qui se jouent
de son courage et de son expérience. Une masse de glace entoure le navire. En quelques secondes, l'enveloppe gelée en-
gourdit tout l'équipage, le gouvernail est serré dans des liens
qui rendent difficile sa manœuvre. Un grand danger est
imminent.

Mais le Gulfstream est là pour porter secours à notre
marin.

Que celui-ci aille plonger son vaisseau dans les eaux tièdes
du fleuve, il verra comme par enchantement l'été succéder à
l'hiver; la glace fondue se détachera peu à peu, et les ma-

---

[1] La température du Gulfstream est variable dans sa largeur : le courant principal se compose de courants parallèles dont les températures
sont inégales. A sa sortie du golfe du Mexique, sa température est de
30° environ.

telots retrouveront leur ardeur dans une chaleur pénétrante. Comme un nouvel Antée, le navigateur aura repris des forces. Grâce au courant généreux, il pourra gagner le port et revoir la patrie.

Le Gulfstream exerce une profonde influence sur la météorologie. Les coups de vent violents et les bourrasques suivent constamment son parcours. Les flots de ce grand courant sont souvent agités par des tempêtes excitées par des coups de vent circulaires, des cyclones redoutables ; de vastes colonnes d'air, ébranlées dans toutes les directions, tournent sur elles-mêmes en donnant naissance à d'immenses et terribles tourbillons. La mer est plus redoutable encore quand l'air souffle contre la direction du fleuve marin, et il arrive souvent que les courants asmosphériques parcourent d'un bout à l'autre la courbe tracée par l'artère d'eau chaude.

Dans le vaste triangle liquide formé par les Açores, les Canaries et les îles du Cap-Vert, au centre du vaste circuit océanique dont le Gulfstream fait partie, on trouve sur une étendue de plusieurs milliers de lieues une telle quantité d'herbes marines, que la marche des navires en est souvent retardée. Les compagnons de Colomb, terrifiés par cet obstacle, effrayés à la vue d'une végétation si abondante et de ces fucus aux tiges serrées, avaient cru être arrivés aux extrêmes limites du monde navigable.

Cet amoncellement d'algues est encore dû aux courants de la mer. L'Atlantique est un immense bassin, au milieu duquel les herbes arrachées de ses rivages constituent la *mer des Sargasses*. On peut figurer, par une expérience élémentaire, ce phénomène que la nature produit avec ses puissantes ressources. Placez des corps légers, des morceaux de liége dans une cuvette pleine d'eau, animée d'un mouvement circulaire, ils se ressembleront toujours au centre de la surface liquide. La mer des Sargasses n'est pas du reste un phénomène spécial à l'Atlantique ; elle se rencontre, au contraire, dans tous les grands océans. L'océan Pacifique, par exemple, semble offrir la répétition du Gulfstream et de la mer des Sargasses. Un courant chaud suit les côtes de la Chine et du Japon, et les géographes japonais le connaissent depuis des siècles, puisqu'on le trouve mentionné sous le nom de *Kuro-siwo* dans des cartes très-anciennes. Dans les mers du Sud, les courants sont beaucoup moins connus; ils y sont au reste beaucoup moins développés. Il est probable d'ailleurs que les fleuves marins ne sont pas des courants isolés, mais bien les diverses parties d'un même réseau, les veines distinctes d'un système unique de circulation.

Ils forment ainsi un vaste circuit indiqué par les bouteilles bouchées qu'on y fait surnager. Plusieurs de ces petites bouées flottantes, abandonnées au milieu des eaux, sur les côtes de l'Afrique, ont été recueillies quelques années après sur les côtes de l'Irlande : elles avaient suivi les routes tracées à la surface de l'Océan. Les noix de coco des Seychelles sont, de même, entraînées par les courants marins. Après leur avoir fait accomplir un voyage de 400 lieues, la vague les jette sur les rives du Malabar, où elles prennent racine et vivent ainsi bien loin de leur patrie. Les Hindous supposent que l'Océan nourrit dans ses profondeurs les arbres merveilleux qui donnent naissance à ces énormes fruits.

Le grand courant qui s'échappe sur la côte orientale de l'Amérique du Sud a charrié treize espèces de plantes de la Guyane et du Brésil jusque sur les rivages du Congo. Certaines autres semences, pourvues d'une enveloppe solide, imperméable à l'eau, sont ainsi ballottées sur l'onde et bercées par l'orage pendant la traversée des Indes au Brésil.

Les drupes du cocotier, les gousses du mimosa, sont ravies au sol de l'Amérique équatoriale par les fleuves de la mer qui les font échouer sur les rochers de la Scandinavie, où le manque de chaleur seul empêche leur développement.

Les routes de la mer rendent de grands services à la navigation, et, grâce à ces chemins mouvants, on réalise certaines traversées en autant de jours qu'il fallait de semaines avant la connaissance de leur direction.

Mais leur but le plus admirable est d'équilibrer les températures du globe, comme le feraient les conduites d'un calorifère dont le foyer serait à la zone torride. Ils font une véritable provision de chaleur qu'ils distribuent aux contrées glacées de notre terre; ils vont, comme l'a dit Michelet, « consoler le pôle, » en lui versant une onde douce et tiède qui combat le froid glacial. Il suffira de citer quelques exemples pour faire comprendre l'influence des fleuves marins sur les températures du globe. New-York est à peu près situé sous la même latitude que Lisbonne; mais le climat de la grande ville américaine est beaucoup plus rude que celui de la capitale portugaise, où croissent les orangers. La carte des courants de la mer fait voir qu'une artère liquide gelée, puisqu'elle vient du pôle, baigne les côtes de l'Amérique, qu'elle refroidit. La branche du Gulfstream qui côtoie la Norwége élève la température des côtes, et les gazons couvrent les fiords norwégiens d'un tapis toujours vert; la mer Baltique et la mer Blanche, situées sous la même latitude, ont un climat beaucoup plus froid.

La découverte de ces courants si longtemps ignorés est une des plus belles conquêtes de la science, conquête féconde qui offre au penseur un vaste champ d'étude et de méditations, observation fructueuse pour le navigateur, qui, perdu dans l'immensité des mers, peut trouver des routes tracées le menant à son but, saisir des fils, le guidant à travers un labyrinthe immense.

Duperrey, Berghaus, Petermann et, plus récemment, Maury, on dressé d'admirables cartes thermales océaniques.

La circulation des fleuves qui sillonnent la partie fluide du globe y est gravée avec la direction de leur marche, les indications de leur température; et le marin, muni de cet atlas, est armé de nouvelles ressources qui lui permettent de risquer avec plus de confiance la fortune qu'il confie à l'empire de l'onde [1]. Le pêcheur y trouve encore des renseignements utiles, et peut se diriger en toute certitude vers des parages favorables à la pêche, d'après l'indication de la température des eaux.

Qu'il ne cherche jamais, par exemple, les courants d'eau tiède, s'il veut faire la guerre à la baleine, car ce grand cétacé n'aime que les ondes froides ; la zone torride arrête sa marche, comme le ferait un mur de flammes.

Dans la mer des Indes, dans le Pacifique, partout au sein de l'Océan, des veines liquides sillonnent la surface des mers ; mais la grande circulation n'est pas seulement superficielle, et des courants sous-marins traversent de part en part l'empire de Neptune, dans les profondeurs duquel d'immenses artères cachées se précipitent vers des directions inconnues.

Au milieu de l'Atlantique, les lieutenants Walsh et Lee, de la marine américaine, ayant attaché à une ligne de pêche un bloc de bois, chargé de plomb, le firent descendre dans la mer à une profondeur de 8 à 900 mètres. Le système fut abandonné à la merci des flots, après avoir été muni d'un flotteur destiné à l'empêcher de couler plus à fond : « ce fut un spectacle vraiment étrange de voir ce flotteur s'avancer contre le vent, la mer et le courant, avec une vitesse habituelle d'un nœud. Les canotiers ne pouvaient réprimer l'expression de leur étonnement ; on eût dit que quelque monstre marin entraînait le bloc dans sa marche. »

Un officier anglais traversait en simple canot le détroit du

---

[1] Pour aller de New-York en Californie, il fallait, il y a quelques années, 160 jours environ ; depuis la connaissance des courants, il n'en faut plus que 145. On comptait 120 jours de traversée pour aller de Liverpool en Australie, on n'en met plus que 100 aujourd'hui. On a gagné 10 jours pour aller des États-Unis à Rio-Janeiro.

Sund. Il se trouva enlevé par un courant. Il jeta dans les flots un seau muni d'un boulet, qu'il laissa couler à une grande profondeur, en retenant par une longue corde cette espèce d'ancre d'un nouveau genre. Le canot ne tarda pas à être entraîné dans une direction inverse, opposée à celle du courant de surface. Un fleuve sous-marin entraînait dans son cours l'embarcation amarrée au boulet, et rivalisait de force avec le fleuve superficiel.

Que de faits inconnus dans l'histoire de l'Océan ! que d'énigmes enfouies dans cette masse toujours mouvante, que de problèmes à résoudre, que d'observations à poursuivre, que d'expériences à tenter pour dévoiler toutes les forces qui mettent en jeu le mécanisme de l'onde !

L'astronomie a trouvé un Newton qui a su jeter les yeux jusque dans les profondeurs du ciel ; mais l'armée des flots, toujours en lutte contre l'homme qui veut braver ses combats, tient encore cachés bien des mystères qu'un Galilée nous révélera.

Comment s'opère la grande circulation de l'Océan ?

Est-elle due, comme l'a voulu Romme, à l'impulsion du vent, à l'action des marées ?

Les agitations de l'air produisent l'agitation superficielle de l'onde ; mais comment mettraient-elles en marche les fleuves sous-marins[1] ?

La grande onde produite sous l'action sidérale donne naissance à un mouvement vertical, mais il n'est pas possible qu'elle communique au Gulfstream le mouvement qui le fait agir. Là n'est pas le moteur de la grande machine

---

[1] Il existe dans l'Océan un grand nombre de courants périodiques et accidentels, qui prennent sans doute naissance par l'action des vents ; mais ce n'est pas de ces agitations variables que nous parlons ici. Parmi les courants périodiques, nous citerons ceux qui, du 15 mai au 15 août, sillonnent la mer de la Chine, de l'est à l'ouest, et en sens inverse d'octobre en mars, etc.

océanique. Où est donc le ressort caché? Quelle est l'impulsion première? La chaleur est l'agent le plus apparent de la circulation maritime ; mais, suivant l'expression de Maury, la chaleur n'y suffirait pas non plus. Il est un autre agent, non moins important et plus encore, c'est le sel. Le sel est une des causes principales de la circulation dans la mer : « il est si abondant dans l'Océan, que, si on le réunissait sur l'Amérique, il la couvrirait d'une montagne de 4,500 pieds d'épaisseur. »

Nous verrons que l'évaporation enlève journellement aux mers équatoriales d'énormes quantités d'eau, qui s'élèvent dans l'air sous forme de nuages.

Mais cette eau n'est que de l'eau douce ; elle tend donc à augmenter la salure de l'Océan. Les couches superficielles, devenues plus salées par l'action de la chaleur, descendent et sont remplacées par les couches inférieures plus légères. Un double courant vertical se produit. Il se forme en même temps, dans les couches profondes, un mouvement des eaux plus denses des régions équatoriales, vers les pôles. Dessalé ou ressalé, l'Océan est ainsi plus ou moins dense, plus ou moins léger, plus ou moins mobile. Ses eaux se mélangent et s'agitent sous l'influence de leur pesanteur spécifique variable.

Les veines de la mer qui sillonnent la surface des ondes, et non les profondeurs de la mer, ont une température plus élevée que celle de l'onde adjacente, ce qui compense et au delà le degré de salure.

Le sel n'est pas encore la seule cause de la circulation maritime. Maury prétend, et c'est là un trait de génie, que la force motrice des courants réside encore dans les infiniment petits qui peuplent l'Océan. Les zoophytes madréporiques sont des êtres invisibles, qui n'en sont pas moins l'outil le plus indispensable de la nature.

Ces animaux microscopiques forment et créent des polypiers gigantesques. Le travail bien minime de chacun d'eux s'ajoute au travail de tous, ils sécrètent des atomes calcaires, qui se soudent et grandissent pour former des archipels, pour façonner des empires nouveaux, de futurs continents.

Chacun de ces petits êtres se nourrit ; il dérobe à une goutte d'eau le sel qui lui est nécessaire. Il extrait de l'Océan les matières calcaires dont il a besoin ; il ravit à l'onde la matière solide qu'elle tient en dissolution. Il change ainsi le poids de l'eau, en fait varier la pesanteur spécifique. Cette eau, devenue plus légère se meut alors en cédant à la pression des molécules plus denses qui l'environnent. Chaque petit être produit une impulsion bien faible : c'est l'impulsion donnée par un atome. Mais la force des animalcules est augmentée par leur formidable union : « Le travail en commun, a dit Saint-Simon, centuple le produit. » Et ces zoophytes nous le prouvent par l'énormité de leurs œuvres.

« A quel chiffre peut s'élever la quantité de matière solide ainsi extraite chaque jour de la mer? Sont-ce des milliers ou des milliards de tonnes? Nul ne le sait. Quoi qu'il en soit, son action sur le mouvement des eaux est immédiate, et nous voyons que de la sorte ces animaux, privés de la locomotion, dont la vie est pour ainsi dire végétale, n'en semblent pas moins avoir la propriété remarquable de remuer la masse entière de l'Océan, des pôles à l'équateur[1]. »

Ainsi ces fleuves de la mer, dont les navigateurs suivent le cours au milieu du Pacifique, ces courants dont la source est souvent inconnue, dont l'issue n'est pas moins ignorée, ces artères cachées qui découpent le sein de l'Océan, cette circulation immense, formidable, irrésistible, sont mis en marche par la chaleur du soleil qui évapore l'onde superficielle des mers, par l'excès de sel qui en résulte, et par ces êtres imperceptibles, incessamment à l'œuvre dans les profondeurs océaniques, par ces atomes vivants qui, modifiant l'équilibre des mondes, peuvent être appelés les compensateurs de l'Océan.

[1] Maury

CHAPITRE III

DESTRUCTION ET CRÉATION

> L'Océan est le tombeau et le berceau de
> la terre.
>
> BERNARDIN DE SAINT-PIERRE.

LA LUTTE DE L'EAU CONTRE LA TERRE

Les vagues dégradent les côtes rocheuses, taillent et façonnent les pierres, usent et rongent les continents; elles
heurtent le pied des falaises à pic et envahissent chaque jour
leur sein par les éboulements qu'elles produisent ; quelquefois elles découpent, séparent et creusent les rochers, en
donnant ainsi naissance à des constructions capricieuses empreintes d'un style indescriptible, en façonnant des finistères,
des caps, des brisants, des récifs (*fig.* 7). Laissons parler
notre grand poëte, qui nous trace en un style magique le
spectacle offert par les constructions de la mer.

« Ces constructions, dit Victor Hugo, ont l'enchevêtrement
du polypier, la sublimité de la cathédrale, l'extravagance de
la pagode, l'amplitude du mont, la délicatesse du bijou, l'hor-
reur du sépulcre. Une dynamique extraordinaire étale là ses
problèmes résolus. D'effrayants pendentifs menacent, mais ne

Fig. 7. — Exemple de rochers façonnés par les eaux. (Étretat.)

tombent pas. On ne sait comment tiennent ces bâtisses verti-
gineuses. Partout des surplombs, des porte-à-faux, des la-
cunes, des suspensions insensées ; la loi de ce babélisme
échappe ; des rochers bâtis pêle-mêle composent un monument monstre ; nulle logique : un vaste équilibre. C'est plus
que de la solidité, c'est de l'éternité. Rien de plus émouvant
pour l'esprit que cette farouche architecture, toujours crou-
lante, toujours debout. Tout s'y entr'aide et s'y contrarie.
C'est un combat de lignes d'où résulte un édifice. On y reconnaît la collaboration de ces deux querelles : l'Océan et
l'ouragan. »

Les traditions des pays maritimes nous offrent de nombreux exemples des brusques modifications, des ravages su-
bits dus à l'action de la mer sur certaines contrées. Nous en
trouvons de mémorables preuves dans la formation du
Zuyderzée, du Bies-Boch, etc., dans les marées exceptionnelles qui ont modifié de toutes pièces l'aspect des îles situées
entre le Texel et les bouches de l'Elbe, qui ont découpé les
côtes sinueuses du Cattégat, façonné les détours du Lym-
fiord. Des anses, des golfes, des caps s'y sont produits à
différentes époques sous le règne de la tempête, et s'y produisent encore sous le jeu des vagues, qui tantôt amoncellent
les bancs de sable et les galets sur la plage, tantôt anéantis-
sent ce qu'elles ont créé, et font disparaître les digues et les
remparts auxquels elles avaient jadis donné naissance.

L'action des flots n'exerce pas seulement son influence sur
les terrains meubles, elle se fait généralement sentir sur les
roches les plus solides et les plus dures. Plus la côte est
abrupte, résistante, plus elle est dégradée par l'irrésistible
élément. Rien n'est assez fort pour arrêter l'armée des flots,
et la terre est toujours vaincue dans ses combats avec l'Océan.
Elle ne triomphe que si elle évite la lutte, comme Fabius
avec Annibal. Si elle offre à la mer des côtes plates et unies,
les vagues s'avancent doucement sur le rivage, leur colère
est calmée devant un ennemi qui ne cherche pas à résister ;

elles perdent toute leur vitesse et apportent alors des galets
roulés et du sable fin. Elles créent plus qu'elles ne détruisent.

La disposition naturelle des côtes est favorable à l'action
des flots, quand les stratifications des terrains offrent à la
mer des tranches, des feuillets superposés, dont les parties
inférieures, sans cesse attaquées par l'élément liquide, sans
cesse ébranlées par le choc réitéré des flots, se creusent
d'autant plus vite que la matière est plus facile à désagréger.
Les couches supérieures s'avancent en surplomb; elles forment une proéminence menaçante, qui ne tarde pas à s'af-
faisser et à se précipiter dans l'Océan (*fig.* 8).

De toutes les côtes battues par la tempête, il n'en est aucune qui offre un aspect plus imposant, donnant une idée
plus saisissante de la force des flots, que celle des *fiords* du
nord de l'Europe ou de l'Amérique. Ce sont des baies profondes, des échancrures minces et allongées qui laissent entre
elles de vastes péninsules rocheuses. On dirait une frange
immense, dont chaque fil est une presqu'île, dentelée, ouverte à des baies en miniature, à des canaux, à des détroits..
L'escarpement de ces côtes est tellement élevé, que le mont
Thorsnuten, situé au sud de Bergen, atteint, à une lieue du
rivage, une hauteur de 1,600 mètres. Dans un grand nombre de ces baies, des cascades et des chutes d'eau se précipitent du haut des falaises, et s'élancent dans l'espace, en
traçant une parabole sous laquelle peuvent circuler librement
les barques et les bateaux pêcheurs.

Il a fallu à l'Océan des milliers de siècles pour ciseler
toutes ces merveilles, pour sculpter ces dédales rocheux, et
il est probable que des déluges, des tremblements de terre,
ont été, à différentes époques, ses plus plus habiles collaborateurs; mais, de nos jours encore, à toute heure, à chaque
instant, la mer ne cesse de porter ses coups à la côte. Au-
dessus d'une haute falaise, l'observateur peut, au milieu de
la tempête, se faire une juste idée de l'action de dégradation
qu'exerce la fureur des vagues. Les flots se ruent à l'assaut

Fig. 8. — Action des vagues sur les rochers abrupts. (Quiberon.)

du rivage; ils écument sur le sable et rebondissent sur le rocher qu'ils ébranlent; les blocs de pierre vibrent depuis leur base jusqu'à leur sommet, et leur partie inférieure est déchaussée par l'élément liquide. L'œuvre de démolition, l'action du combat, le travail d'anéantissement, l'effort de destruction, apparaissent à travers un nuage d'écume.

Une fois que le calme a succédé à la tourmente, une fois que le repos a fait place à l'agitation, il est possible de mesurer les empiétements de la mer, de compter les pas de l'Océan, de se rendre compte de son envahissement, de calculer le volume des rochers que les flots ont broyés pour les engloutir, les poncer, les polir dans un éternel mouvement, dans un frottement sans fin. Depuis sept siècles, les eaux de la Manche ont envahi 1,400 mètres des continents; les falaises qui dominent actuellement ces rivages ont ainsi reculé de plus d'un quart de lieue, depuis l'époque où Pierre l'Ermite prêchait la première croisade. Le pas de Calais s'élargit de jour en jour. D'après M. Thomé de Gamond, la mer entame tous les ans de 25 mètres la falaise du Gris-Nez [1]. Si, dans les temps antérieurs, les dégradations n'étaient pas plus rapides, il y aurait 60,000 ans que la France et l'Angleterre auraient été séparées par le percement de l'isthme qui les unissait.

Nous avons dit que l'inclinaison des assises s'opposait ou venait en aide à l'action des flots; la dureté des roches, la composition chimique de leurs molécules sont encore des

---

[1] Le cap Gris-Nez est situé au nord de la France entre Boulogne et Calais. Nous avons eu souvent l'occasion de visiter ce promontoire abrupt, où le travail des flots apparaît dans sa majesté. Cet admirable amas de rochers noirâtres, éboulés des falaises, est un spectacle vraiment grandiose, et généralement peu connu du touriste. Nous ne saurions trop recommander au lecteur, s'il passe à Calais ou à Boulogne, d'entreprendre cette belle excursion, également intéressante au point de vue pittoresque et géologique. A quelques kilomètres du Gris-Nez est le Blanc-Nez, formé de falaises blanches beaucoup plus élevées, et qui offrent aussi un des plus beaux panoramas des côtes françaises.

éléments qui facilitent ou entravent les modifications qui leur sont réservées. Le frottement des vagues détermine quelquefois une élévation de température suffisante pour produire une véritable combustion, et on a souvent remarqué, près de Valentia, que les falaises fumaient comme une coulée de lave incandescente, dévorées qu'elles étaient par un lent incendie.

Les falaises ne résistent pas seulement aux efforts de l'Océan par la dureté de leur masse, elles prennent souvent soin de cuirasser leur base contre les attaques réitérées de leur ennemi. Une végétation abondante d'algues et d'herbes marines tapisse toutes les fissures des rochers, comme des chevelures fantastiques; ces plantes divisent la vague et la transforment en minces filets d'eau, en filaments d'écume. Des amas de coquillages, de mollusques, forment une solide carapace, une armure résistante, un bouclier épais et rugueux, contre lesquels se brise la marée impuissante.

D'autres côtes ne sont pas garanties, et elles s'affaissent alors sans résistance. D'énormes blocs se détachent des assises élevées; ils se brisent par le choc de leur chute, ils sont entraînés par les vagues, qui reculent et semblent vouloir prendre un nouvel élan, pour courir à l'attaque. Ils se fractionnent en menus morceaux, ils se divisent en galets, et les amas ainsi écroulés protégent plus tard le rocher dont ils sont les débris, en formant des talus qui arrêtent les conquêtes de la mer. On dirait des cadavres amoncelés pêle-mêle autour de la forteresse d'où l'ennemi a su les arracher.

Sur les côtes de la Méditerranée, près de Vintimille, sur les rivages de la Bretagne, on remarque de toutes parts un semblable amoncellement de débris qui résistent à l'effort des vagues.

Partout, en un mot, la mer travaille à niveler la falaise; elle abat les promontoires et les dunes de ses côtes, elle les divise, et en dépose la poussière au fond de son vaste empire.

Fig. 9. — Amas de débris s'opposant à l'action des vagues. (Fécamp.)

EFFETS REPRODUCTEURS

Rien ne se perd, rien ne se crée.

Si le travail des vagues exerçait uniquement une action destructive, il s'ensuivrait un anéantissement complet des continents; mais la mer répare les dégâts qu'elle a causés, atténue les désastres auxquels elle a donné naissance. Les flots martellent et pulvérisent les rochers des rivages; mais les débris ainsi formés ne se perdent pas, ils sont transportés en d'autres lieux, où ils se déposent en sédiments superposés.

La quantité de matière solide que tiennent en suspension les courants de marée est si considérable, que, pour exhausser le niveau du sol de certaines parties des continents, on y fait séjourner l'eau qu'amène la marée, et, en renouvelant souvent cette opération appelée *colmatage*, on est arrivé à élever de 2 mètres environ les vastes territoires qui avoisinent le delta de l'Humber. Les marées comblent ainsi les creux et les vallées qui rident le fond de l'Océan, elles les remplissent de sédiment.

A l'extrémité supérieure de la mer Rouge, on a constamment remarqué que l'isthme de Suez s'accroissait avec une rapidité extraordinaire, par suite des dépôts océaniques. Cet isthme a doublé de largeur depuis Hérodote[1]. A cette époque, la ville d'Héroopolis était assise sur le rivage de la mer; de nos jours, elle est aussi éloignée de la mer Rouge que de la mer Méditerranée. Elle est posée juste au milieu de l'isthme[2].

En 1541, Soliman II trouva dans le port de Suez un précieux asile, qui devait abriter sa flotte entière; aujourd'hui

[1] Sir Ch. Lyell.
[2] D'Anville, *Mémoires sur l'Égypte*.

un immense banc de sable a remplacé les canaux qui s'ou-
vraient jadis à ses vaisseaux. Depuis 1800 ans, le territoire
de Tehama, situé sur le golfe Arabique, a reçu de la mer un
otage de 2 lieues de terrain de sédiment, dont il s'est peu à
peu accru de siècle en siècle. Quand on s'enfonce vers la
terre ferme, à une certaine distance des ports modernes, on
retrouve les vestiges des ports anciens qui florissaient jadis
sous les mêmes noms; les débris de leurs murs, autrefois
baignés par le flux et le reflux, sont aujourd'hui les barrières
qui servent d'obstacle à la marche envahissante des sables
du désert.

Une partie du delta du Nil est chaque jour dégradée par un
puissant courant méditerranéen, et les flots qui se succèdent
entraînent au loin le précieux sédiment charrié par le fleuve
terrestre. Ils transportent cette matière solide jusque sur les
côtes de la Syrie.

M. Girard, un de nos plus illustres savants, qui, lors de
l'expédition française en Égypte, fut chargé de rechercher les
vestiges du canal d'Amrou, pense que l'isthme de Suez
tout entier est de formation océanique, et il le considère,
comme un vaste barrage construit par les courants marins.
Quoique cette opinion puisse être mise en doute, il n'en est
pas moins certain que cet isthme, devenu célèbre par le travail qu'y a entrepris une des plus fermes intelligences des
temps modernes, augmente constamment de largeur; il s'accroît sans cesse par les dépôts sédimentaires qui s'amoncellent sur les rives méditerranéennes.

Les exemples de ce genre abondent.

Les côtes de la Guyane s'accroissent et empiètent le domaine de l'Océan, comme, en d'autres parties du globe, la
mer inonde la terre ferme et l'envahit. C'est le Gulfstream
qui apporte à ces contrées le sédiment qu'il a ravi au delta
de l'Amazone[1].

---

[1] Lochead, *Transactions d'Édimbourg*, t. IV.

Il n'y a pas lieu de s'étonner du transport des matières terreuses accompli par les eaux jusque dans des contrées lointaines. On explique ce fait par l'état d'extrême division de la substance solide. — De la poudre fine d'émeri reste long-temps en suspension dans l'eau, et met plus d'une heure à tomber au fond d'un vase de 50 centimètres de hauteur. On conçoit donc que si les courants de la mer entraînent avec une grande vitesse à la surface de l'Océan une poussière ter-reuse très-ténue, et que si cette poussière ne s'enfonce que très-lentement dans le sein du liquide qui la charrie, elle sera transportée à une grande distance avant d'atteindre le fond de l'Océan. Si l'on admet qu'un limon aussi ténu que la poussière d'émeri soit entraîné par le Gulfstream, qui parcourt 1 lieue à l'heure, ce limon aura été emporté à 750 mètres en 28 heures, et il se sera seulement enfoncé à 224 brasses dans le sein du courant qui le transporte.

Ainsi l'Océan, qui entame nos continents avec une extrême violence, n'exerce pas seulement une œuvre de dégradation : après avoir porté à la terre des coups terribles, après avoir entamé les rivages, il transporte sur d'autres côtes un sédi-ment qui compense les blessures faites en d'autres points, qui ferme les plaies ouvertes en d'autres temps.

Mais la terre elle-même n'est pas incapable d'opposer une défense énergique à l'action de l'onde par le mouvement lent dont elle est douée. Les feux souterrains qui ont plissé l'épiderme terrestre sont loin d'être inactifs, et chaque jour des tremblements de terre, des trépidations du sol, jettent l'épouvante dans certaines contrées. Mais ces mouvements brusques, ces tempêtes du monde plutonien, sont des excep-tions, comme l'ouragan est l'exception à la règle qui dirige les mouvements de l'atmosphère.

Pendant les tremblements de terre, la mer perd tout à coup sa surface d'équilibre ; elle est alors soumise à de terri-bles oscillations, et ses eaux envahissent les continents ; elles y exercent d'effroyables irruptions et séjournent sur les con-

trées qu'elles inondent. L'histoire de l'archipel grec, des îles
du Japon, est toute remplie de semblables désastres.

Vasco de Gama, dans un de ses premiers voyages dans les
Indes, observa un remarquable tremblement de terre sous-
marin. La mer se mit à se soulever avec une effroyable énergie, et des flots inaccoutumés apparurent de toutes parts en
s'agitant d'une façon désordonnée. L'équipage du grand navigateur était dans la consternation, mais Vasco de Gama ras-
sura ses hommes par son sang-froid et par une parole pleine
de grandeur : « Ne voyez-vous pas, dit-il, que la mer tremble
devant nous ! »

Les feux souterrains agissent rarement d'une manière
aussi violente ; généralement ils soulèvent peu à peu le sol et
l'élèvent d'une manière insensible. L'aiguille d'une horloge
paraît immobile quand on la regarde ; elle parcourt cependant
en une heure les 60 divisions du cadran. Il en est de
même des rivages de quelques continents ; poussés par un
ressort invisible, ils opèrent lentement une marche ascensionnelle et régulière ; ils éloignent ainsi les eaux de l'Océan.

Grand nombre d'auteurs expliquent certains phénomènes
de la mer, en disant que l'eau s'est retirée, qu'elle a abandonné son lit, que la côte immobile a vu s'étendre son empire, à la fuite de l'élément liquide.

C'est le contraire qui a lieu.

Le niveau de l'Océan est immuable, mais ici comme presque partout dans la nature, nous sommes trompés par les
apparences. L'eau, toujours agitée à la surface, semble être
l'image de la mobilité ; elle est douée cependant d'une fixité
remarquable, et la terre, d'après Pline, le symbole de l'immobilité, est, au contraire, douée de mouvement.

L'Océan ne se retire pas du rivage ; il en est chassé par le
rivage qui se soulève.

L'Océan n'envahit pas lentement certaines côtes ; il y arrive forcément, parce que les côtes s'abaissent lentement au-
dessous de son niveau.

Prenons soin de ne pas nous en rapporter toujours au témoignage de nos sens, et regardons les faits avec les yeux de la raison ; nous ne tarderons pas à voir que bien souvent les idées contraires aux opinions généralement admises n'en sont pas moins réelles et incontestables.

Les lois de l'hydrostatique nous enseignent que ce que nous appelons le niveau des mers n'est autre chose qu'une surface d'équilibre, déterminée par les forces attractives exercées par les parties solides du globe sur les parties liquides. Il est impossible qu'un point quelconque de cette surface occupe une position fixe et invariable, sans que tous les autres points conservent aussi la leur, et il est également impossible que les eaux s'élèvent ou s'abaissent en un lieu quelconque d'une manière continue, sans que toutes les autres parties s'abaissent ou s'élèvent à leur tour, et soient soumises à des modifications correspondantes.

Or nous connaissons un grand nombre de localités où l'Océan n'a pas subi le moindre changement, depuis les temps historiques. La surface générale des mers n'a donc pas changé, et la constance du niveau liquide qui couvre presque entièrement la surface du globe apparaît comme un fait positif, le plus certain que nous puissions affirmer, le plus incontestable que nous puissions mettre en avant, puisqu'il a subi l'épreuve d'une longue suite de siècles.

Comment d'ailleurs admettre que, de 1822 à 1857, la mer ait abandonné les côtes du Chili, comme ont pu le penser les habitants de ce pays, et qu'elle n'ait subi aucune variation sur les côtes voisines du Pérou et de la Californie ? Ces deux conclusions, incompatibles entre elles, seraient la négation complète des lois les plus certaines de l'hydrostatique. Comment concevoir que l'Océan se soit élevé à la partie inférieure du golfe Arabique, dans le détroit de Messine, sur les côtes du Portugal, tout en restant immobile dans les parties voisines ?

Au lieu de croire à l'immutabilité du sol, il faut proclamer l'immutabilité des mers, il faut se convaincre que le niveau de l'Océan est invariable, et que la surface solidifiée de notre planète est susceptible de soulèvements, d'affaissements, de modifications de toute nature.

Il y a là une erreur analogue à celle qui, pendant des siècles, a présidé à l'idée de l'immobilité de la terre. Si l'homme s'en rapporte à ses yeux, il voit le soleil tourner autour de son humble planète ; mais la science fait tomber le voile de l'erreur qui lui cache la vérité ; en l'écoutant, il aperçoit la terre, ce globe microscopique, cheminer autour du foyer qui le réchauffe, et décrire une ellipse qu'il parcourt éternellement.

Comme toutes les vérités, celle que nous énonçons ici a été longue à voir le jour, et l'abaissement du niveau des mers a été l'opinion des plus anciens naturalistes. En 1731, l'Académie d'Upsal résolut de vérifier ce fait important, et d'aligner avec précision les données capables de résoudre le problème. Des entailles furent gravées à fleur d'eau, sur des rochers baignés par la mer Baltique ; après quelques années, on constata que ces marques étaient de plusieurs centimètres au-dessus de la surface des mers ; on en conclut l'abaissement du niveau de la Baltique ; mais ces résultats soulevèrent de vives contradictions et firent naître de nouvelles observations. On fut obligé d'admettre, après d'autres expériences, que sur plusieurs points de la même mer le niveau des eaux est soumis à une dépression apparente, plus ou moins sensible sur des côtes différentes, et que sur d'autres points (rivages de la Scanie) il s'élevait, au contraire, d'une manière notable, puisque les traits marqués autrefois sur les rochers à fleur d'eau se trouvaient engloutis bien au-dessous de la surface océanique.

Il est impossible de concilier entre elles ces variations énormes dans une petite étendue ; car il faudrait supposer que le niveau océanique, loin d'être situé sur un même plan horizontal, forme une surface ondulée. Il résulte évidemment des expériences précédentes que le niveau de la Baltique n'a pas plus changé que le niveau de toutes les mers, mais que, dans la Finlande et dans une partie de la Suède, le sol se soulève peu à peu, s'élève graduellement sans secousse sensible, tandis que les côtes méridionales de la même presqu'île s'abaissent de la même manière.

Les rivages groënlendais accomplissent une marche descendante depuis quatre siècles sur une étendue de 200 mètres ; ils s'affaissent lentement, et ils sont ainsi peu à peu submergés par l'Océan. D'anciennes constructions nautiques sont actuellement englouties.

Le temple de Sérapis, sur la côte de Pouzzoles, est encore un mémorable exemple des mouvements du sol. Ce temple, construit avec un grand luxe architectural, n'a certainement pas été bâti sur un rivage où ses colonnes auraient pu être incessamment battues par les flots, et il se trouve aujourd'hui cependant sur la frontière de l'Océan. Les trois colonnes qui en sont les seuls vestiges présentent, à partir de 5 mètres au-dessus de leur base, une zone perforée par des coquillages qui se sont déposés sur la pierre, au sein de l'Océan. Ainsi ce temple, bâti sur un sol complétement à l'abri des vagues, s'est trouvé plus tard plongé à trois mètres sous l'eau, et il a été de nouveau replacé au niveau des mers par les oscillations du sol.

Des îles nombreuses du Grand Océan et de la mer des Indes sont jadis sorties des eaux ; et elles retournent lentement dans le sein de l'onde, tandis que d'autres îlots volcaniques apparaissent à la surface de la nappe océanique, comme le dos immense de quelque gigantesque cétacé.

Il y a quelques années, l'apparition fortuite de l'île volcanique qui a surgi de l'onde, au milieu de l'archipel Grec, semble nous avertir que les forces naturelles ne se livrent pas à un repos prolongé, et que les feux souterrains qui, à travers les siècles, ont plissé la pellicule terrestre et l'ont sillonnée de rides, sont toujours en action sous nos pieds.

La lutte des éléments, le combat du feu et de l'eau modifient chaque jour la scène de notre monde.

II

LE SYSTEME CIRCULATOIRE

> Une incessante évaporation transporte l'eau des mers à la surface des continents. Sorties pures de l'Océan, les eaux pluviales y retournent chargées de matières salines qu'elles ont enlevées au sol.
>
> H. MARIÉ-DAVY.

CHAPITRE PREMIER

LES VOYAGES DE L'EAU

Quoi de plus admirable que de voir les eaux voyager à travers les cieux (*migrare per cælum*), retomber à l'état de pluie sur la terre pour vivifier toutes les plantes, donner naissance aux fruits et aux graines, nourrir les arbres et les végétaux !

PLINE.

Le navigateur qui part de l'Europe pour traverser l'Atlantique voit la nature entière changer d'aspect à l'approche de l'équateur. Des nuages épais obscurcissent le ciel, des pluies continuelles troublent l'air. Il s'effraye à la vue de ce sombre tableau; mais, sans ce rideau de vapeur qui oppose une barrière aux rayons brûlants du soleil, il serait accablé sous l'action d'une intolérable chaleur.

Une masse de nuages semblables entoure notre globe, en formant un anneau obscur, que les habitants d'autres planètes aperçoivent peut-être, comme un autre anneau de Saturne. Les mers ténébreuses de la ligne ont jadis causé l'effroi des marins, et ces vapeurs amoncelées jetaient l'épouvante dans l'esprit de ceux qui osaient s'aventurer vers ces parages. Cependant cette nuée obscure qui plane au-dessus de l'onde, c'est le salut de la terre, et c'est elle qui nous procure dans d'autres contrées le charme d'un ciel azuré, la

douceur d'un beau soleil. Cette bande de nuages est le grand
régulateur des températures sur le globe, elle est la véritable source des fleuves qui arrosent nos fertiles campagnes,
le réservoir flottant d'où s'échappe toute l'eau qui anime nos
continents.

Par une loi physique, obscure dans sa théorie, mais très-
nette dans ses résultats, toute masse d'eau couverte d'air
exhale sans cesse dans cet air une quantité de vapeur d'autant plus considérable, que cette eau est à une température
plus élevée.

On conçoit donc que, sous l'action des rayons ardents du
soleil tropical et de la chaleur qu'ils produisent, les mers
de la zone torride émettent continuellement dans l'atmosphère une masse énorme de vapeurs : un léger brouillard
s'élève de la surface liquide; plus léger que l'air, il monte
et donne naissance au noir et ténébreux ruban.

Une fois que ces nuages ont gravi les hautes régions de
l'air, où la température est assez basse, ils retournent en
partie à l'état liquide, et retombent dans l'Océan sous forme
de pluie; mais la vapeur non condensée, en vertu de sa lé-
gèreté, détermine dans les couches élevées de l'atmosphère
des courants dirigés vers les pôles.

Ces courants la transportent vers nos contrées, où elle se
résout en pluie, où elle se condense en neige à la rencontre
du sommet glacé des montagnes.

Une grande distillation s'opère ainsi à la surface du globe;
les rayons brûlants du soleil tropical jouent le rôle du foyer
chauffant un immense alambic. L'Océan équatorial est la
chaudière de ce vaste appareil; les régions élevées de l'air
en constituent le chapiteau; l'atmosphère froide, les sommets gelés des montagnes du Nord, les glaciers des pôles, en
forment les réfrigérants; les fleuves, les cours d'eau, les rivières et les lacs en sont les récipients qui se remplissent
sans cesse d'énormes volumes d'eau qu'ils restituent à l'Océan.
Cette distillation roule éternellement sur elle-même, l'eau du

récipient étant toujours ramenée dans la chaudière pour y être soumise à une nouvelle distillation.

Ce fleuve majestueux qui se jette dans la mer a reçu son onde transparente de la mer elle-même. L'eau pure et bienfaisante de cette source de cristal n'est autre que l'eau salée de l'Océan, purifiée dans le grand laboratoire de la nature. Elle est sans doute venue des régions tropicales, en traversant l'espace sous formes de légères vapeurs: après sa métamorphose en pluie, elle est tombée, elle a séjourné quelque temps sur la terre. Elle abreuve les êtres vivants qui l'entourent, fait croître l'herbe qui tapisse ses rives, et, une fois sa mission accomplie, elle descendra le cours d'un fleuve et retournera au vaste Océan.

On a comparé, avec raison, la mer à un avare qui thésaurise sans cesse; elle ne rend pas ce qu'elle a pris dans les naufrages, et si elle prête à la terre l'eau qui préside aux développements de la vie, c'est que ce prêt lui sera fidèlement restitué. Tout revient au grand réservoir. Il n'est pas jusqu'à l'haleine qui s'échappe de votre bouche, qui ne s'élève dans les airs pour se condenser en une goutte d'eau que la mer absorbera.

En voyageant ainsi à travers l'espace et sur la terre, l'eau est encore chargée de distribuer la chaleur sur le globe, de modifier la température des climats. En s'échappant des mers équatoriales, elle s'échauffe aux feux d'un soleil ardent, elle emmagasine sa chaleur, s'en empare, en fait provision et la transporte, la déverse sur les pays froids. Sous forme de pluie, elle adoucit le climat des régions du Nord, apporte aux êtres animés cette chaleur vivifiante que le soleil prodigue sous les tropiques, et dont il se montre si avare dans les pays rapprochés des pôles.

Avant de rouler sur la pente des fleuves, l'eau parcourt les continents, pénètre dans les petits canaux que lui ouvrent les fissures du sol, s'infiltre dans les terrains poreux, glisse entre les fentes des pierres, s'imbibe entre les interstices des cailloux, s'élance à travers les racines des plantes, s'élève dans les tiges, s'introduit dans les cellules. Elle dissout et dérobe au sol les matières minérales qu'elle rencontre sur son passage, et les porte aux êtres vivants qui se les assimilent. Quelquefois elle s'unit aux minéraux et fixe sa demeure dans les substances avec lesquelles elle forme des hydrates ; tantôt elle s'immobilise dans les marécages et travaille alors à la décomposition des matières organiques, préside à la putréfaction, à la fermentation des roseaux, des tiges, des arbres qui forment la tourbe.

Elle ne reste généralement pas longtemps stationnaire, et, après avoir traversé à l'état liquide le corps des animaux, la tige des végétaux, la voilà qui est transpirée, exhalée en vapeur. Elle s'échappe et retourne à l'atmosphère qu'elle quittera de nouveau à l'état de pluie, de grêle ou de neige, pour renouveler son éternel parcours.

Véritable Protée, l'eau change constamment de forme. Elle est la séve des végétaux et la rosée qui perle sur l'herbe, elle est le sang qui circule dans nos veines, elle est le givre qui dessine sur nos carreaux mille figures bizarres, elle est la vapeur qui anime nos machines, et le brouillard qui s'élève de la prairie; elle est la source de vie où puisent tous les êtres organisés.

Solide, liquide et gaz, voilà les trois formes qu'elle affecte sans cesse. Eau, vapeur et glace, voilà les trois apparences qu'elle revêt éternellement. Elle n'en quitte une que pour en reprendre une autre. Elle déserte les continents pour retourner à l'empire de l'onde. Elle vole dans l'espace, rampe sur la terre, circule dans la mer. Se confiant au souffle du vent, à la pente où elle se trouve, elle obéit aux agents qui la commandent. Elle pénètre dans les anfractuosités du sol, se réchauffe dans leurs profondeurs, et en jaillit toute chaude et bouillante.

Elle use et polit les rochers sur lesquels elle roule, elle

transporte d'un pays à un autre la graine d'une plante ou l'œuf d'un insecte, et elle soulève les arbres et les pierres dans les torrents, amoncelle le sable et les galets sur les rivages, mine et creuse la terre qu'elle fait parfois ébouler.

Les poëtes ont souvent considéré l'eau comme l'image de l'inscontance et de la mobilité. La partie fluide du globe est en effet soumise à une agitation constante; si elle est sur une pente, la pesanteur l'entraîne avec une vitesse proportionnelle à l'inclinaison du terrain où elle se trouve, elle coule; voilà les torrents, les fleuves et les rivières. Si elle est dans un bassin fermé de toutes parts, comme une mer ou un lac, elle s'agite sous l'action du vent; voilà les vagues et les courants. Cette marche des flots qui viennent mourir sur le rivage, ces cataractes en miniature formées par le ruisseau qui coule entre les pierres, nous offrent bien le spectacle d'un mouvement libre et changeant; et cependant, dans l'élément liquide, si capricieux en apparence, réside la plus admirable régularité. La circulation de l'eau sur la terre obéit à un mécanisme aussi régulier que celui de la circulation sanguine chez les animaux. Son passage à travers les fleuves est comparable au passage de notre sang dans nos artères, et la transformation de l'eau salée en eau douce peut être assimilée aux constantes métamorphoses de notre sang artériel et veineux. Quoi de plus grandiose et de plus simple tout à la fois que le voyage d'une goutte d'eau qui s'exhale de l'Océan, parcourt l'atmosphère et retombe en pluie sur la terre! Après avoir puisé dans l'air et dans le sol, la nourriture des êtres vivants, après avoir tout animé sur son passage, elle revient à l'Océan et recommence à décrire sans cesse un cercle bienfaisant.

Jetez les yeux sur ces immenses forêts du nouveau monde, vous verrez planer au-dessus des vertes cimes un léger brouillard... Ce nuage, c'est le messager de la vie qui va fendre l'espace, traverser les mers et venir arroser les fleurs fécondes, les fruits de l'Europe.

Merveilleuse et sublime harmonie ! La terre emprunte à l'Océan de quoi faire ses fleuves et ses rivières, et les continents échangent fraternellement l'élément de la vie et de la fécondité !

CHAPITRE II

L'EAU DANS L'ATMOSPHÈRE

Une portion de la chaleur des tropiques est
emportée vers les pôles par un messager aérien,
et c'est ainsi qu'une distribution plus égale de
la chaleur terrestre se trouve assurée.

TYNDALL.

LA VAPEUR D'EAU

L'air, même quand il est pur, transparent et azuré, est
un immense réservoir de vapeur d'eau ; c'est une vaste mer
gazeuse sans limites et sans rivages, qui entoure la terre de
toutes parts sous une épaisseur de 60 kilomètres environ[1],
et au fond de laquelle vivent l'homme, les plantes et les
animaux.

La surface de l'Océan, comme nous l'avons dit, émet con-

[1] La hauteur de la couche d'air qui entoure le globe terrestre n'est pas
exactement connue. Nous donnons ici un chiffre hypothétique admis par
un grand nombre de physiciens. Mais les avis des savants sont très-par-
tagés à ce sujet ; il ne nous appartient pas de discuter ici les éléments
d'un problème qui nous entraînerait en dehors de notre programme ;
nous devons faire observer toutefois que la science actuelle est dans
l'ignorance presque complète de sa véritable solution.

stamment dans l'air de la vapeur, indispensable aux besoins de la vie ; un air trop sec n'est pas respirable ; il dessèche les poumons, incommode les animaux, les plantes ; on connaît les effets désastreux du *semoum* ou vent du désert. Un air trop humide offre aussi ses inconvénients, et tout le monde a entendu parler de la *mal'aria* de certaines localités chaudes et humides.

On confond souvent les nuages et les brouillards visibles avec la vapeur d'eau ; c'est là une grave erreur. Cette vapeur est un gaz impalpable, dont l'atmosphère, en contact avec les eaux de la mer, fait constamment provision. Sa présence dans l'air est constante ; mais elle s'y trouve dans des proportions plus ou moins grandes. Elle y existe, du reste, toujours en quantité presque infinitésimale, puisqu'elle n'en forme environ qu'un demi-centième de la masse totale. On ne saurait croire cependant combien cette petite quantité de vapeur aqueuse a d'importance dans les phénomènes météorologiques du globe. Elle exerce une énorme influence sur la radiation terrestre, et « en disant qu'en Angleterre, par un jour d'humidité moyenne, la vapeur atmosphérique exerce une action égale à cent fois celle de l'air lui-même, nous resterons bien certainement au-dessous de la réalité[1]. »

C'est par la faculté d'absorption qu'agit surtout la vapeur : la surface de la terre tend à perdre, par le rayonnement vers les espaces célestes, la chaleur qu'elle a absorbée ; mais les vapeurs aqueuses contenues dans l'air s'emparent de cette chaleur, s'échauffent et entourent la terre d'un manteau qui la garantit d'un froid mortel pour tout être vivant. Partout où l'air est très-sec (et il ne l'est jamais complétement), on est soumis à des températures diurnes extrêmes. Le jour, les rayons solaires pénètrent vers le sol sans rencontrer d'obstacles qui les arrêtent, ils l'échauffent et produisent une température extrêmement élevée. La nuit, la terre rayonne

---

[1] Tyndall

cette chaleur vers les espaces célestes, et il en résulte une température extrêmement basse. Dans les steppes de l'Inde, sur les plateaux de l'Himalaya, dans les plaines de l'Australie, partout où règne la sécheresse, la chaleur excessive pendant le jour contraste avec les vents violents de la nuit. Au milieu du Sahara, les rayons solaires élèvent à un tel point la température du sol, qu'il est impossible d'y porter les mains, et à minuit, le froid est tellement intense, que l'eau serait gelée si elle existait dans ces zones desséchées. Cette différence de température provient de ce que l'air, dépourvu de vapeur, n'arrête pas le flux calorifique. La vapeur d'eau est une véritable couverture transparente, qu'on pourrait comparer au burnous des Arabes; elle intercepte en partie les rayons solaires et les empêche d'agir avec une trop grande intensité sur le globe; d'autre part, quand le soleil a disparu sous l'horizon, elle ne permet pas à la chaleur absorbée par le sol de se perdre dans les espaces célestes, et elle garantit ainsi du froid les êtres animés.

On pourrait objecter que ce manteau de vapeur, qui nous préserve du froid, devrait aussi empêcher les rayons solaires de pénétrer jusqu'à nous. Ceci n'est pas entièrement vrai. La vapeur d'eau est un écran qui arrête la chaleur terrestre, mais qui laisse filtrer la chaleur solaire; les rayons obscurs émanés de la terre diffèrent des rayons lumineux dérivés du soleil : elle absorbe les premiers en plus grande abondance que les seconds. Une lame de verre laisse filtrer la lumière, mais arrête en partie la chaleur qui l'accompagne; ainsi, la vapeur d'eau intercepte les rayons obscurs, tout en laissant filtrer les rayons lumineux, et son pouvoir absorbant s'exerce surtout sur la chaleur qu'émet le sol. Par suite de cette admirable et heureuse influence, la température moyenne du sphéroïde terrestre est plus élevée que celle qui serait uniquement due au soleil, si la vapeur d'eau n'existait pas.

BROUILLARDS

Rien n'est plus facile que de débarrasser l'air de l'eau qu'il contient ; il ne s'agit que de le refroidir pour condenser la vapeur, comme dans le réfrigérant d'un appareil distillatoire. Une carafe d'eau froide, placée dans un appartement chaud, se couvre d'une buée de vapeur, d'un nuage de rosée qui s'y dépose. Les choses se passent de même dans la nature ; quand la température d'une masse d'air s'abaisse par suite de la disparition du soleil à l'horizon, il arrive un moment où la vapeur d'eau se condense en gouttelettes d'une extrême petitesse, appelées *vésicules*. Notre haleine produit, pendant les froids de l'hiver, un nuage visible, et la vapeur qui s'échappe des locomotives donne naissance à une série de semblables vésicules globulaires. Une infinité de petites sphères invisibles, analogues à des bulles de savon en miniature, forment ainsi les brouillards et les nuages. Les physiciens ne s'accordent pas sur la nature de ces vésicules : d'après les uns, ils pourraient être comparés à de petites mongolfières gonflées de vapeur d'eau ; d'après les autres, ce seraient au contraire de petites sphères d'eau sans cavités intérieures.

On a souvent attribué aux brouillards la cause de certaines maladies, on les a considérés comme exerçant une influence funeste sur la santé. Il est évident que le brouillard est l'indice d'une surabondance d'humidité dans l'atmosphère, et qu'il se forme généralement au milieu d'une masse d'air en repos où s'accumulent facilement les émanations des cités ; les inconvénients sont parfois assez graves, et, dans les pays marécageux, il n'est pas rare de voir les brouillards fréquents être suivis de fièvres pour ceux qui s'y exposent.

NUAGES

Les nuages sont des brouillards situés à une assez grande hauteur au-dessus du sol; entre le nuage et le brouillard, il y a surtout une différence de position; il existe cependant des nuages qui ne sont plus formés de vésicules, mais de petites aiguilles de glace. Les nuages ont une mobilité proverbiale, et leur classification est presque impossible. Cependant Howard et quelques météorologistes se sont efforcés de trouver aux formes multiples qu'ils affectent quelques types principaux. C'est ainsi qu'on distingue généralement quatre sortes de nuages, les *cirrus*, les *stratus*, les *nimbus* et les *cumulus* (*fig.* 10, 11, 12 et 64). Nous n'insisterons pas sur ces divisions classiques qui n'ont qu'une faible importance : chaque nuage a sa forme particulière, et un lambeau de vapeur qui se détache sur un ciel azuré est soumis à tous les caprices du vent; il se découpe et se modifie à l'infini.

Pour bien connaître l'étonnant spectacle des nuages, il faut quitter la surface du sol et planer au milieu des airs dans la nacelle d'un aérostat; c'est là que l'observateur peut admirer l'étonnant panorama, le sublime tableau des vapeurs atmosphériques.

Bernardin de Saint-Pierre a décrit avec emphase ce spectacle capricieux des nuages, et il s'est extasié souvent sur les mille changements de ces masses mobiles « semblables à des groupes de montagnes qui voguent à la suite les unes des autres sur l'azur des cieux. » Qu'eût dit ce grand poëte et ce grand écrivain, si, transporté au milieu des airs, il avait pu contempler les scènes toujours nouvelles, toujours grandioses qui se succèdent aux yeux du voyageur aérien? Comme sa pensée aurait facilement cédé aux souffles inspirés de son imagination rêveuse, et comme sa plume aurait su retracer la beauté toujours changeante de ces paysages célestes!

Les fictions les plus ingénieuses du poëte ou du romancier seront toujours impuissantes à retracer le spectacle aérien qui frappe la vue de l'aéronaute ; les campagnes d'émeraude des *Mille et une Nuits*, les nuages d'argent des contes féeriques ne donnent qu'une faible idée du tableau céleste qui se cache au-dessus des nuages.

Tantôt ce sont de vastes cumulus blanchâtres qui se meuvent lentement et avec majesté, non plus comme une masse vaporeuse, mais comme un monde solide que viennent brillamment colorer les rayons du soleil ; c'est un champ de neige radieux, un pays enchanté et magique où des montagnes blanchâtres dessinent des ombres capricieuses sur des vallées étincelantes ; tantôt ce sont des flocons légers qui courent avec rapidité et permettent d'entrevoir à de rares intervalles la terre qui apparaît au loin comme un voile transparent ; tantôt enfin les nuages sont si épais et si compactes, que l'explorateur qui parcourt ces régions élevées de l'atmosphère ne peut plus apercevoir l'aérostat auquel il a confié sa vie et sa fortune ! Qu'on se figure la voûte céleste, bleu foncé, couronnant ces scènes vraiment saisissantes ; qu'on se représente à l'horizon le soleil qui se cache sous un rideau de vapeur, comme un disque enflammé ; qu'on enfle son imagination, qu'on forge les rêves les plus brillants, toutes les fictions de la pensée seront toujours au-dessous de cette émouvante réalité. Ajoutons que pas un souffle d'air, pas un bruit, pas un être vivant ne viennent animer ces majestueuses solitudes, ni troubler la sérénité de ce monde des nuages, pays enchanté du silence et de la méditation.

Les effets de mirage les plus singuliers se plaisent souvent à charmer le regard de l'observateur ; c'est ainsi que, dans un voyage aérostatique exécuté par nous au-dessus de la mer du Nord, nous avons pu nettement distinguer l'image renversée de l'Océan au-dessus d'un rideau de vapeurs noirâtres. On voyait sur les nuages de petits navires lilliputiens, qui flottaient retournés dans l'espace comme de frêles coquilles.

Fig. 10. — Cirrus ou queues de chat.

Fig. 11. — Stratus.

Fig. 12. — Nimbus.

Fig. 15. — Cumulus.

Dans une autre expédition que nous avons entreprise en 1868, nous avons été constamment entourés d'un cirque de vapeurs qui flottaient autour de notre nacelle, et nous avons compris bientôt que ce singulier effet était dû à la transparence des nuages qui ne se laissaient entrevoir que sous une certaine épaisseur.

La grandeur du spectacle, le charme de l'inconnu exercent une véritable attraction sur le voyageur aérien, et un secret vertige l'attire sans cesse vers ce vaste domaine de la vapeur d'eau, comme le marin se sent constamment appelé au milieu des immensités de l'Océan [1].

CONDENSATION DE LA VAPEUR D'EAU — PLUIE
NEIGE — ROSÉE

Pour que l'air abandonne l'eau qu'il renferme à l'état de vapeur, il suffit de le refroidir ; il faut que l'expérience de la carafe frappée se réalise en grand. De tous les moyens de refroidir ou d'échauffer l'air, il n'en est pas de plus efficace que de le comprimer ou de le dilater. Tout le monde connaît l'expérience du briquet à air (*fig. 14*) : au moyen d'un piston nous comprimons fortement de l'air dans un tube à parois épaisses ; cet air s'échauffe au point d'enflammer un morceau d'amadou ; si on lui ménage une sortie, il se dilate et se refroidit. L'air qui s'échappe des lèvres, quand on siffle, donne une sensation de fraîcheur. Pourquoi ? Parce qu'il a été comprimé dans la poitrine. L'air exhalé par la bouche ouverte n'est pas comprimé, il ne produit plus le même phénomène.

Comment la nature dilate-t-elle l'air pour le refroidir, et lui faire abandonner de l'eau à l'état de pluie par la condensation de la vapeur ? C'est probablement en le transportant

[1] Voir l'ouvrage *Voyages aériens*, par MM. Glaisher, Flammarion, de Fonvielle et Gaston Tissandier. — L. Hachette et Cᵒ, 1870.

dans les régions élevées de l'atmosphère où la pression est
moindre : l'air dilaté se refroidit et précipite la vapeur,
soit à l'état de pluie, soit à l'état de grêle
ou de neige, si le refroidissement est plus
considérable. Supposons qu'un vent souffle
régulièrement dans la position d'une montagne ou d'une forêt, l'air humide, rencontrant un obstacle, n'en continue pas
moins sa course ; il le franchit et s'élève
ainsi dans l'atmosphère, au milieu de régions où la pression est moindre ; la vapeur
qu'il renferme se résout en pluie. On a
souvent remarqué que, lorsqu'un courant
d'air se dirige vers une forêt, l'humidité
dont il est chargé se condense en eau ; si
l'obstacle est plus élevé, comme une montagne, la dilatation est plus grande, l'abaissement de température plus considérable ;
l'eau se solidifie au lieu de se liquéfier, elle
forme la neige ou la grêle. En mer, l'effet
peut être produit par l'action des courants
de l'atmosphère, qui se contrariant dans
leur marche, déplacent des volumes d'air
considérables et produisent un même résultat. Il a été souvent donné à des observa-
teurs consciencieux de prendre pour ainsi
dire la nature sur le fait, et de voir les
nuages se convertir en gouttelettes liquides.
La partie inférieure de la masse de vapeur,
devient noire, obscure, elle perd ses contours arrondis ; elle s'allonge et se transforme en un vaste plateau d'où la pluie

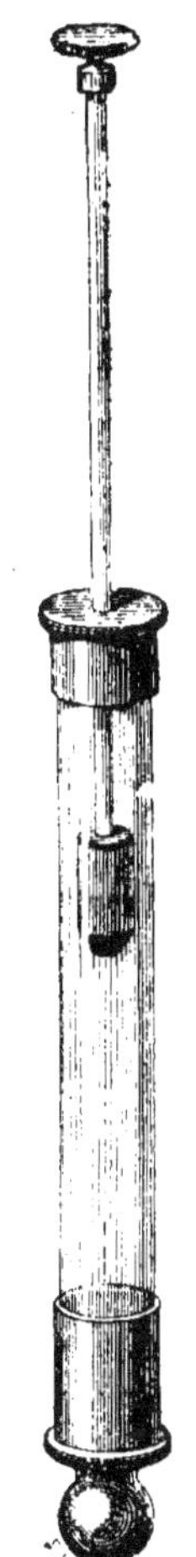

Fig. 14.
Briquet à air.

ruisselle en gouttes abondantes (*fig.* 15).

La première condition de la production de la pluie est
donc un mouvement de l'air ; elle varie avec la direction des

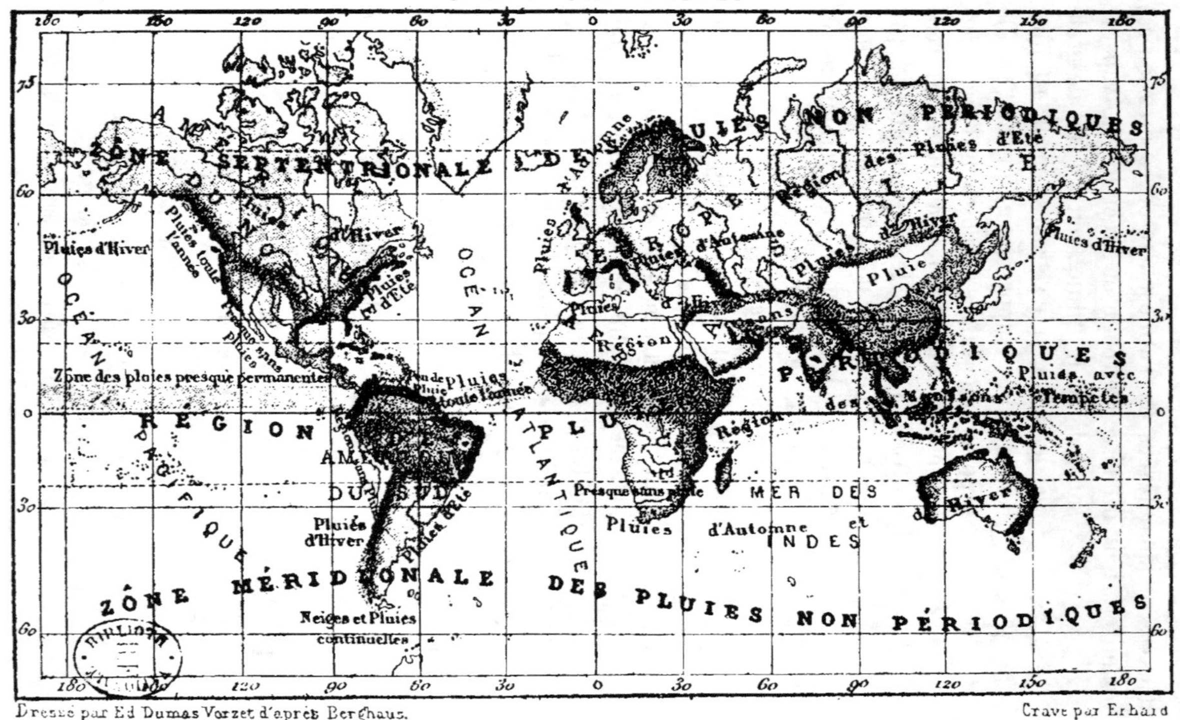

Dressé par Ed Dumas Vorzet d'après Berghaus.

Gravé par Erhard

Carte V.

vents et suivant les reliefs du sol. Ajoutons toutefois que les causes certaines de sa formation et de ses variations dans les différents pays sont complétement ignorées, n'en déplaise aux successeurs de feu Mathieu (de la Drôme); mais la science

Fig. 15. — Formation d'un nuage à pluie.

du temps et de sa prévision saura sans doute, par des observations minutieuses, découvrir les lois qui président aux mouvements de l'air et à la distribution des pluies. Faute de mieux, nous mettons sous les yeux de nos lecteurs une *Carte des pluies* d'après Berghaus (*carte* V).

La condensation de la vapeur d'eau n'a pas toujours lieu
dans la masse même de l'air; elle peut se produire à la surface des corps qui se rencontrent à la surface du sol : le phénomène prend le nom de *rosée* quand la vapeur se condense
à l'état d'eau, de *givre* ou de *gelée blanche* quand elle se
dépose à l'état solide.

C'est au docteur Wells qu'est due la véritable explication
de ces phénomènes curieux. Pendant la nuit, les corps se
refroidissent par rayonnement, et la vapeur d'eau s'y condense d'autant plus que l'air est plus humide et que le
ciel est plus pur.

Fig. 16. — Source de la rivière Apurimac (Pérou).

CHAPITRE III

Que de beautés encore ou riantes ou fières
Nous offrent les ruisseaux, les fleuves, les rivières!

DELILLE.

LES FLEUVES

Nous avons suivi la goutte d'eau que nous avons vu s'échapper de l'Océan sous forme de vapeur, s'abandonner au souffle de l'air, se laisser bercer par l'atmosphère mobile, et venir se condenser en eau ou en glace dans les hautes régions de l'écorce terrestre. Assistons à présent à la fusion des neiges éternelles qui couronnent les montagnes, à la formation de ces mille ruisseaux, de ces nombreux torrents qui courent sur les pentes du sol et serpentent à sa surface; glissons avec ces veines liquides jusqu'au fleuve où elles mélangent leurs eaux. Observons la pluie qui s'infiltre en partie dans les terrains argileux ou siliceux, et qui s'amoncelle en d'autres points dans les cavités du sol; présidons à la naissance de la source, nous en verrons s'échapper à travers l'herbe et les fleurs une rivière en miniature, un filet de cristal, qui est l'embryon du fleuve. Promenons-nous sur ses rives, écoutons son murmure, et nous serons loin de nous douter que ce ruisseau, si modeste et si mince, va se transformer en un immense cours d'eau :

> Un géant altéré le boirait d'une haleine ;
> Le nain vert, Oberon, jouant au bord de ses flots,
> Sauterait par-dessus sans mouiller ses grelots [1].

Mais, en descendant son cours, nous verrons des ruisseaux tributaires venir grossir son onde, alimenter le liquide qui glisse dans son lit. Ses bords se séparent peu à peu, son volume s'accroît ; un cours d'eau majestueux se déroule bientôt à travers de nombreuses et riches contrées.

« Dans sa marche triomphale, il donne des noms aux pays qu'il arrose ; des villes s'élèvent à ses pieds. Irrésistible, il se précipite et abandonne sur son passage les sommets dorés des tours, les palais de marbre, toute une création qui a germé dans son sein. Ce nouvel Atlas porte sur ses épaules des maisons de cèdre ; des milliers de pavillons, témoins de sa gloire, flottent à sa surface. Frémissant de joie, il va porter ses frères, ses trésors, ses enfants, dans les bras de l'Océan, dans les bras de celui qui lui a donné la vie [2]. »

Les sources des plus grands fleuves ne sont bien souvent que des réservoirs d'une faible étendue ; mais, encaissés dans des montagnes, ils sont les récipients naturels des eaux des neiges et des pluies. La source de la rivière Apurimac au Pérou, celle du fleuve Camisia dans le même pays (*fig.* 16 et 17), celle du Rhône dans les Alpes, en sont de remarquables exemples.

Ce sont les chaînes de montagnes qui tracent aux fleuves la route qu'ils doivent suivre ; ce sont les sommets les plus

---

[1] Hégésippe Moreau.
[2] Gœthe, *Chant de Mahomet.*

Fig. 17. — Source du fleuve Camisia (Pérou).

élevés de la surface du globe qui recueillent les eaux de l'Océan, et qui les laissent couler sur leur versants en les dirigeant vers la mer. Nos montagnes ne sont pas jetées irrégulièrement sur l'épiderme terrestre ; elles y forment, au contraire, des réseaux découpés avec symétrie, des lignes tracées suivant une certaine précision, des charpentes régulièrement construites. Les fleuves qui arrosent les grandes plaines des continents sont aussi distribués avec ce caractère d'harmonie qui préside à toutes les créations de la nature.

Dans l'ancien continent, les plus grandes chaînes de montagnes se dirigent d'occident en orient, et celles qui s'étendent du nord au sud en sont les rameaux secondaires. Les plus grands fleuves se déroulent dans la direction qui leur est imposée par ces proéminences du sol. L'Euphrate et le golfe Persique, le fleuve Jaune, le fleuve Bleu, tous les grands cours d'eau de la Chine cheminent de l'est à l'ouest, et il en est de même des principales artères de tous nos continents. Les principaux cours d'eau de l'Afrique et de l'Asie, les lacs, les eaux méditerranéennes s'étendent encore de l'occident à l'orient, ou de l'orient à l'occident ; le Nil et quelques rivières de la Barbarie font seuls exception.

Le continent du nouveau monde nous offre la même précision dans la distribution des artères liquides qui le traversent ; une énorme chaîne de montagnes divise, sépare l'Amérique en deux versants ; les eaux qui glissent sur ces pentes immenses se dirigent vers la mer, en sillonnant le sol d'occident en orient, ou inversement.

Tel est le coup d'œil d'ensemble, le spectacle vu de loin. En examinant de plus près le système d'irrigation continentale, on voit les fleuves se replier avec irrégularité, étendre ou rétrécir leurs eaux, suivre tantôt la ligne droite et tantôt la ligne courbe, décrire mille sinuosités, serpenter dans la vallée, se resserrer dans les rochers et les détroits, glisser rapidement sur les pentes ou stationner dans les bas-fonds,

courir au-dessus des rapides, se précipiter dans les cascades
ou se reposer dans les lacs.

La seule force du courant d'un fleuve peut modifier l'aspect de la route qu'il parcourt. Voici une courbe décrite par
un cours d'eau (*fig.* 18); le courant revient sur lui-même,
et l'isthme *a*, constamment rongé par deux courants opposés,

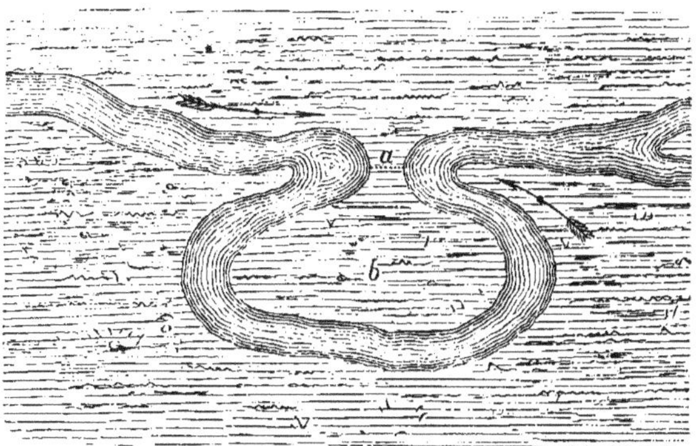

Fig. 18. — Courbe décrite par un cours d'eau.

ne tardera pas à être anéanti; la presqu'île *b* sera transformée en un îlot.

Généralement la largeur des fleuves augmente depuis la
source jusqu'à l'embouchure; quand on remonte le courant,
les rives se rapprochent. Généralement aussi les courbes
qu'ils décrivent sont plus nombreuses à l'approche de l'Océan.
Dans l'intérieur des terres, ils suivent souvent la ligne droite;
près du rivage, au contraire, ils tracent des courbes nombreuses et se replient sur eux-mêmes : ils remontent vers les
continents, puis descendent vers l'Océan et parcourent ainsi,
dans un petit espace, des directions inverses. On dirait que
le fleuve généreux n'a pas assez prodigué de bienfaits aux
territoires qu'il arrose; il paraît abandonner à regret les continents qu'il a fécondés.

Nota: Les Longueurs sont indiquées en kilomètres.
La Manche
G. de Gascogne
Méditerranée
Adriatique
Atlantique
Mer du Nord
Mer Baltique
Mer Noire
Mer Caspienne
Mer Glaciale
Mer du Japon
Mer Jaune
Mer de Chine
Golfe du Bengale
Golfe d'Oman
Golfe Persique
Méditerranée
Atlantique
Golfe de Guinée
Mer Glaciale
Oc. Pacifique
G. du Mexique
Côte Californie
Océan Atlantique
Oc. Pacifique
Seine 630 — Côte d'Or
Loire 900
Rhône 800 — Mt Gerbier (Cévennes)
Mt Furka (Alpes)
Pô 650 — Mt Viso
Tage 840 — Cerro de S. Felipe
Rhin 1100 — Mt St Bernardin (Alpes)
Elbe 1290 — Riesen Gebirge (Mts des Géants)
Oder 800 — Mt Sudètes
Vistule 1000 — Mt Skalza (Silésie)
Don 1700 — L. Ivan Ozéros près Epyfan
Dniéper 2030 — Collines de Wolkonski
Danube 2760 — Mts de la Forêt Noire
Plateau de Waldaï
Volga 3340
Monts Altaï
Obi 4800 — Mts Werkholeniens
Mt Sayansk
Ienissei 6190 — Léna 4690
Mt Kentei
Amour 4580
Hoang-ho 5500 — Mts Kouen-loun
Yang-tsé-kiang 5300 — Mts du Tibet?
Cambodge ou Mékong 4800
Bramapoutra 2800 — Mts du Tibet?
Gange 3110 — Mts Himâlaya
Sindh ou Indus 3030
Euphrate 2700 — L. Tzana — L. Nyanza
Fl. Bleu
Nil — Fl. Blanc 3700
Sénégal 1330 — L. Louta Nzighé
Niger 3300 — Mt Loma — Montagnes Rocheuses
L. Ithabwca
Mac Kenzie 3300 — Mgne Rocheuses
Columbia 2500
Mt Sabine — Missouri
Mississippi — (Mgne Rocheuses) — L. Leck
Rio Colorado 1470 — Mississippi 6690 — Cordillère des Andes
L. Titicaca
St Laurent — L. Erié — L. Michigan
L. Ontario — L. Supérieur
Orénoque 2500 — L. Huron
Fl. des Amazones 7700
Parana et la Plata 3080 — Sra de Parana près de (Brésil)
Murray et Lachlan 1500 — Mt Tambo (Alpes Australiennes)
EUROPE
AFRIQUE
ASIE
AMÉRIQUE
OCÉANIE

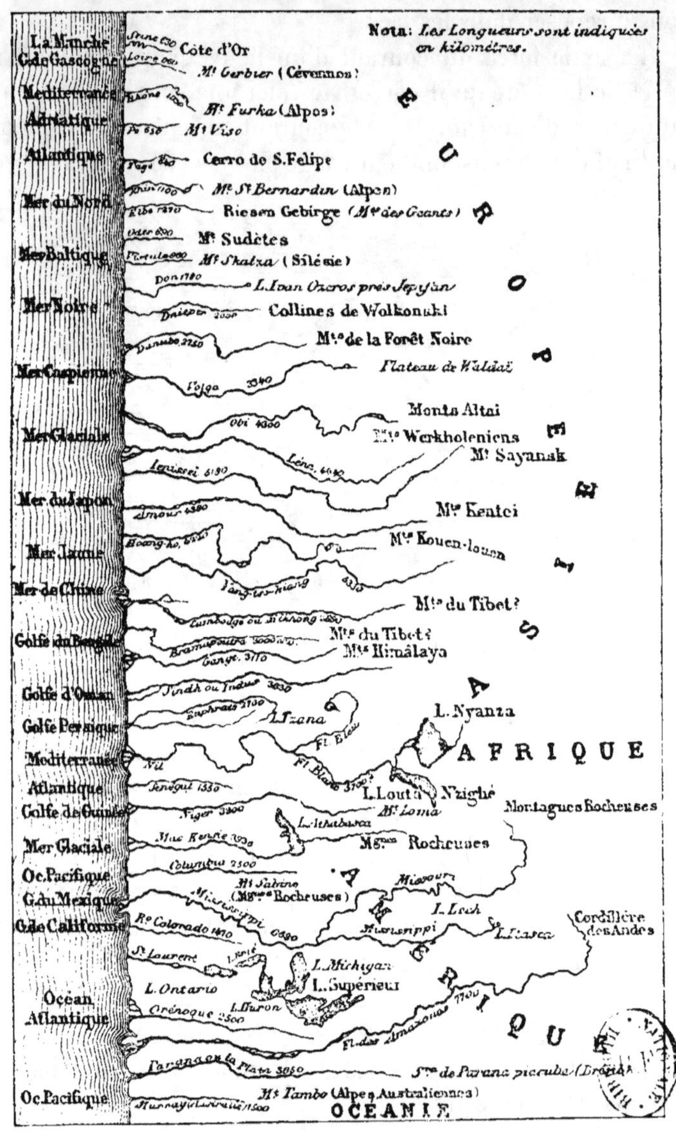

Carte VI.

LONGUEUR ET PROFONDEUR DES FLEUVES

Les plus grands fleuves de l'Europe sont : le Volga, qui a 3,340 kilomètres de parcours ; le Danube, qui en a 2,750 ; le Don, 1,780 ; le Dnieper, 2,000 ; la Vistule, 960.

En Asie, le fleuve Yang-tse-kiang se promène à la surface du sol sur une étendue de 5,530 kilomètres ; le Cambodge trace une courbe de 5,890 kilomètres ; le fleuve Amour, de 4,580 ; le Gange glisse ses eaux dans un lit de 5,000 kilomètres ; l'Euphrate, de plus de 2,000 (*carte* VI).

Le Sénégal, en Afrique, accomplit un voyage de 4,500 kilomètres, en y comprenant le Niger, qui n'est qu'une continuation de ce grand fleuve. Le Nil a environ 5,880 kilomètres d'étendue.

Enfin, l'Amérique est sillonnée par les artères fluviales les plus grandes, les plus larges du monde entier. Le Mississipi fertilise les contrées qu'il traverse sur une longueur de 7,000 kilomètres environ, et la superficie de son bassin est d'environ 180,000 lieues carrées, plus de sept fois la surface de l'empire français ! La largeur du grand fleuve américain est de 300 à 900 mètres, depuis le saut de Saint-Antoine jusqu'au confluent de l'Illinois ; de 2,500 mètres au confluent du Missouri ; et de 1,500 mètres, à la Nouvelle-Orléans, au confluent de l'Arkansas. Sa profondeur est de 15 à 20 mètres, au confluent de l'Ohio ; et de 60 à 80 mètres, entre la Nouvelle-Orléans et le golfe du Mexique. Sa vitesse est de 4 milles à l'heure, et, au moment des fortes crues, il est très-difficile à remonter. L'Orénoque a 2,300 kilomètres de parcours ; le fleuve de la Plata, 3,200.

Mais bien plus puissant encore est le vaste courant du fleuve des Amazones, qui s'unit aux eaux de l'Atlantique par un estuaire de 300 kilomètres (*fig.* 19). Tout est colossal dans ce fleuve, qui rend à l'Océan toute la pluie et la neige

7

récoltées par un bassin de 7 millions de kilomètres carrés. Il est si profond, que les sondes de 100 mètres ne peuvent pas toujours en mesurer les abîmes; il est si large, que les vaisseaux le remontent sur près de 1,000 lieues de distance, et que l'horizon repose sur ses eaux en cachant ses rivages. C'est une véritable mer d'eau douce qui, pendant les crues, débite, avec une vitesse de 8,000 mètres à l'heure, 244,000 mètres cubes d'eau, c'est-à-dire le volume d'eau que fourniraient à la fois 5,000 fleuves comme la Seine.

Les fleuves les plus rapides sont le Tigre, l'Indus, le Danube, etc. Tous les grands cours d'eau reçoivent dans leur lit un grand nombre de rivières qui forment autour de l'artère principale des ramifications plus ou moins abondantes. Le Danube reçoit dans son sein plus de 200 rivières ou ruisseaux; le Volga, 55, etc.

Si la mer était à sec, il faudrait aux fleuves de la terre 40,000 ans pour remplir le vaste bassin de l'Océan.

LE RIVAGE — LES ILES FLOTTANTES

Que de variété d'aspect, que de diversité de tableaux nous offre le cours de tous ces fleuves! Ceux-ci roulent des eaux bleues et vermeilles sur un lit de cailloux siliceux, ceux-là glissent une onde jaunâtre sur un fond limoneux; en voici qui serpentent sur un sol fertile et parcourent des collines émaillées de toutes sortes de productions végétales; en voilà qui roulent à travers des rochers abrupts, ou dans des sables infertiles.

Dans nos climats, ce sont les gazons frais et fertiles, les peupliers, les saules, qui recherchent l'eau bienfaisante et enfoncent leurs racines dans le sol humide. En Afrique, les palmiers reflètent leur gracieux feuillage dans l'onde des fleuves, comme dans l'immense vallée du Nil (*fig.* 20); le

Fig. 19. — L'Amazone à son embouchure.

gigantesque baobab domine d'autres cours d'eau, comme le
Zambèze. Dans les régions tropicales, une végétation luxuriante et désordonnée encombre les rivages des fleuves; les
arbres, entassés pêle-mêle, dressent leurs troncs au milieu
d'herbes enchevêtrées; leur feuillage s'étend au-dessus des

Fig. 20. — Le Nil.

roseaux touffus, des végétaux aqueux, aux feuilles gigantesques; les lianes et les plantes grimpantes forment, au milieu
de ce dédale vivant, mille guirlandes gracieuses. Les troncs
d'arbres s'affaissent au-dessus du sol; mais la foule des plantes est si compacte, qu'ils ne peuvent se coucher contre
terre; ils sont soutenus dans l'espace par mille tiges d'herbes
épaisses, par mille liens qui les rattachent aux vivants. La
fécondité de la nature apparaît là dans toute sa puissance au
milieu de cette surabondance de vie qui déborde de toutes
parts.

Cet encombrement de végétation fait naître dans les fleuves
de l'Amérique un phénomène remarquable produit par une

accumulation d'arbres flottants appelés *rafts*. Les arbres, déracinés par l'effort du vent ou par les éboulements, entraînés par les courants des fleuves, arrêtés dans leur marche par des îles, des hauts-fonds, ou d'autres obstacles, forment des îles mouvantes qui peuvent embrasser toute la largeur du courant, et mettent une entrave à la navigation. Parmi les plus grands rafts ou îles flottantes, nous devons mentionner celui d'un des bras du Mississipi, l'Afchafalaya, qui emporte constamment dans son cours une grande quantité de bois amenés du Nord. En 40 années, ce fleuve a accumulé sur un même point une quantité de débris flottants tellement considérable, qu'il a formé une île énorme de 12 kilomètres de long sur 220 de large, et 2^m,50 de profondeur. En 1816, cette masse s'abaissait et s'élevait avec le niveau du fleuve, ce qui n'empêchait pas les progrès de la végétation de le couvrir d'un manteau de verdure : à l'automne, des fleurs en égayaient l'aspect. En 1835, les arbres de l'île flottante avaient atteints 60 pieds de hauteur, et des mesures durent être prises par l'État de la Louisiane pour anéantir ce raft immense, qui opposait un insurmontable obstacle à la navigation.

Sur la rivière Rouge, sur le Mississipi, sur le Missouri, on rencontre fréquemment des amas de même nature, et le cours de ces fleuves est ainsi entravé par des amas d'arbres déracinés et par les débris trop abondants des naufrages (*fig.* 21). « Unis par des lianes, cimentés par des vases, ces débris deviennent des îles flottantes ; de jeunes arbrisseaux y prennent racine ; le pistia et le nénuphar y étalent leurs roses jaunes ; les serpents, les caïmans, les oiseaux viennent se reposer sur ces radeaux fleuris et verdoyants qui arrivent quelquefois jusqu'à la mer où ils s'engloutissent. Mais voici qu'un arbre plus gros s'est accroché à quelque banc de sable et s'y est solidement fixé ; il étend ses rameaux comme autant de crocs auxquels les îles flottantes ne peuvent pas toujours échapper ; il suffit souvent d'un seul arbre pour en arrêter

Fig. 21. — Formation d'îles flottantes sur le Missouri.

successivement des milliers : les années accumulent les unes
sur les autres ces dépouilles de tant de lointains rivages :
ainsi naissent des îles, des péninsules, des caps nouveaux
qui changent le cours du fleuve[1]. »

COLORATION DES EAUX FLUVIALES

Dans le cours de l'Orénoque et dans celui de quelques autres fleuves américains, la nature se plaît à colorer les eaux
des nuances les plus diverses ; il en est de bleues, de vertes
et de jaunes ; il en est de brunes comme le café, il en existe
enfin qui sont aussi noires que l'encre. Les eaux de l'Atabapo,
dont les bords sont tapissés de carolinées et de mélastomes
arborescents, celles du Temi, du Tuamini et de la Guainia,
ont la teinte brune du chocolat ; à l'ombre des palmiers,
elles prennent une couleur complétement noire[2] ; emprison-
nées dans des vases transparents, elles sont d'un jaune doré.
Ces colorations, dues sans doute à une dissolution abondante
de matières organiques, font de l'eau un véritable miroir ;
c'est ainsi que, lorsque le soleil a disparu sous l'horizon,
l'Orénoque forme une masse opaque où se reflètent, avec une
admirable clarté, la lune et les constellations méridionales
(*fig.* 22).

Les eaux de l'Orénoque, comme celles du Nil et d'un grand
nombre d'autres fleuves de l'Afrique ou de l'Asie, teignent
en noir les rivages et les rocs granitiques qu'elles arrosent
depuis des siècles ; il s'ensuit que la coloration des rochers
et des pierres qui s'élèvent en amphithéâtre sur leurs rives
marque en toute évidence leur ancien niveau. Sur les bords
de l'Orénoque, dans les rochers de Kéri, à l'embouchure du
Jao, on remarque des cavités peintes en noir par l'action du

[1] Malte-Brun.
[2] Humboldt.

fleuve; et ces cavités sont cependant situées à plus de 50 mètres au-dessus du niveau de la surface actuelle des eaux. Leur
existence nous enseigne et nous démontre un fait déjà constaté par d'autres preuves analogues dans tous les lits des
fleuves européens, à savoir que les courants dont la grandeur
nous frappe d'étonnement ne sont que les restes modestes
des masses d'eau gigantesques qui traversaient les continents
dans les temps géologiques, alors que l'homme n'était pas
né.

LA CIRCULATION SOUTERRAINE

Les torrents de pluie que les nuages déversent à la surface
du globe ne retournent pas tous à l'Océan, en suivant les rigoles, les tranchées, les lits de fleuves, tracés sur les continents. D'énormes masses liquides pénètrent dans le sein du
sol, s'infiltrent dans les grès, dans les sables, dans l'argile,
sont absorbées par les roches poreuses, et descendent, sous
l'action de la gravité, jusqu'à la rencontre de couches imper-
méables qui opposent une barrière à leur voyage souterrain.
Un drainage naturel s'opère ainsi dans l'écorce du globe, et
les eaux se trouvent accumulées dans de vastes réservoirs
inconnus, en échappant aux artères fluviales, aux vastes et
nombreuses ramifications du grand système hydraulique superficiel.

Des rivières, des cours d'eau, des fleuves même, disparaissent parfois dans des gouffres sans fond, s'engloutissent
dans des bouches béantes, pénètrent dans de mystérieux ravins, s'échappent dans des abîmes profonds et inexplorés. La
Guadiana, en Espagne, se perd dans un pays plat, au milieu
d'une prairie immense, et reparaît plus loin à la surface du sol,
après avoir traversé l'arche souterraine d'un pont naturel,
où, suivant l'expression des Espagnols, pourraient paître à
la fois cent mille bêtes à corne. La Meuse se perd à Bazoil-

Fig. 22. — Vue de l'Orénoque pendant la nuit.

les. La Drôme, en Normandie, disparaît tout à coup au milieu d'une plaine, dans un trou de 10 mètres de diamètre.
Ces exemples pourraient se multiplier, et il serait facile de
citer un grand nombre d'autres fleuves, tels que le Rhône,
dont la perte est seulement partielle. Au dire de Pline, l'Al-
phée du Péloponnèse, le Tigre de la Mésopotamie, le Timavus
du territoire d'Aquilée, accomplissaient, en s'enfouissant
dans le sol, les plus mystérieux voyages.

Outre ces infiltrations locales, il existe, dans les entrailles
de la terre, des nappes liquides d'une autre espèce, de véritables fleuves souterrains. L'action des feux souterrains
amène, dans les cavités des roches volcaniques, des courants
d'eau que met en marche la force ignée. Des sources jaillissent tout à coup à la surface du sol, puis s'écoulent subitement par le chemin qu'elles ont parcouru ; des lacs disparaissent et reparaissent tour à tour ; des nappes d'eau s'écoulent dans les fissures intérieures et forment ainsi des espèces
de filons liquides.

L'exemple le plus frappant que l'on puisse citer d'une
masse d'eau, d'un lac à niveau variable, est celui du lac de
Kirknitz, en Carniole. Il s'étend en hiver sur une surface de
2 lieues de longueur sur 1 lieue de large ; vers le milieu de
l'été, quand le ciel laisse pénétrer sur le sol les rayons brûlants du soleil, son niveau baisse avec une grande rapidité,
et, en moins de trois ou quatre semaines, il est complète-
ment à sec. L'eau s'est échappée à travers des fissures qu'on
aperçoit alors distinctement, elle est allé remplir les nombreuses cavités souterraines des montagnes environnantes ;
et les paysans ne tardent pas à cultiver le sol mis à nu par
le retrait des eaux, à manier la faux à l'endroit même où ils
jetaient auparavant des filets et des engins de pêche. Quand
le foin a été recueilli, quand le fond du lac a fourni à l'agriculture une vaste et fertile campagne, l'eau revient par les
mêmes chemins, elle inonde la vallée, en ramenant avec elle
les poissons qui l'ont suivie dans son voyage. Kirknitz est

donc un véritable lac souterrain, qui émigre à l'instar des
hirondelles, et qui s'enfonce en été dans les entrailles du sol,
pour venir couvrir le sol pendant l'hiver.

Des lacs intermittents du même ordre se rencontrent en
France et dans un grand nombre d'autre localités. « Près de
Sablé en Anjou, dit Arago, il existait, en 1741, une source,
ou, pour mieux dire, un gouffre de 6 à 8 mètres de diamètre,
connu sous le nom de *Fontaine sans fond*. Elle débordait
quelquefois, et il en sortait alors une quantité prodigieuse
de poissons, de brochets, de truites; il y a donc lieu de
croire que ce terrain était la voûte d'un lac inférieur. »

Les feuillets superposés des terrains stratifiés sont souvent
entremêlés de couches d'eau situées à diverses profondeurs;
c'est ainsi qu'à Saint-Nicolas d'Aliermont, près Dieppe, on a
compté jusqu'à sept nappes d'eau superposées et séparées
entre elles par les enveloppes solides du terrain.

En 1851, au moment du forage d'un puits artésien à
Tours, on a retiré, du fond de la terre, de l'eau claire qui
contenait des rameaux d'épines, des plantes marécageuses,
des graines, dans un état de conservation parfaite, attestant
ainsi qu'elles n'avaient pas fait dans la nappe liquide un sé-
jour d'une bien longue durée. Ces réservoirs ne provenaient
donc pas seulement d'une infiltration, puisqu'ils avaient entraîné des morceaux de bois, des coquilles, qui auraient été
arrêtés par les pores du filtre naturel.

On a souvent vu la célèbre fontaine de Nîmes, dont le ren-
dement moyen est de 1,500 litres d'eau par seconde, vomir
dans le même temps 10 à 12,000 litres d'eau, à la suite de
pluies torrentielles dans les environs. On a remarqué que
cette crue exceptionnelle succédait en peu de temps à une
pluie souvent lointaine, ce qui prouve que l'eau peut fran-
chir rapidement de grandes distances, à travers de nombreuses artères souterraines.

En pénétrant ainsi dans les fissures du sol, l'eau s'échauffe
dans les profondeurs de la croûte solidifiée du globe; elle

Fig. 25. — Le Te-Ta-Rata (Nouvelle-Zélande) avant son éruption.

atteint alors une température très-élevée, et revient en bouil-
lonnant à la surface de la terre. Les sources thermales de toutes
sortes prennent ainsi naissance, en voyageant dans les entrailles de l'écorce terrestre; elles dissolvent les roches qu'elles rencontrent, et nous rapportent des liquides bouillants ou tièdes,
quelquefois des remèdes naturels d'une admirable efficacité.

C'est ainsi que l'Islande nous présente de surprenants jets
naturels d'eau bouillante connus sous le nom de *geysers*.
De demi-heure en demi-heure, un bruit sourd et confus
signale l'apparition du liquide en ébullition; il sort du sol
avec fracas, et s'élance en une immense colonne de 18 pieds
de diamètre, et d'une hauteur de 150 pieds. Bientôt le jet
d'eau vacille, il se replie sur lui-même et disparaît enfin dans
les mystérieuses cavités du sol; mais plus tard il surgit de
nouveau et s'élève encore dans l'espace, aux yeux étonnés
du voyageur qui parcourt ces pays lointains. « L'énorme
quantité d'eau soulevée, sa violence, sa puissante latente, les
incommensurables tourbillons de vapeur lumineuse s'exha-
lant avec une inépuisable profusion, tout est combiné pour
faire de ce phénomène un des jeux les plus brillants des
merveilleuses énergies de la nature[1]. » C'est ainsi que la
Nouvelle-Zélande nous offre encore de nombreux exemples
de sources bouillantes. Tout autour du lac *Roto-Mahana*
s'élèvent, de tous les plis du sol, d'épaisses colonnes de vapeur, et plus de deux cents geysers jaillissent sur la seule
côte orientale du lac bouillant. La plus remarquable de ces
bouches brûlantes est le *Te-Ta-Rata;* c'est le principal dé-
versoir de cette masse d'eau, chauffée au contact des flammes
intérieures du globe. « L'énorme colonne d'eau jaillit toute
bouillante au sommet d'une éminence de 50 à 55 mètres,
et remplit d'un seul jet un bassin ovale de 80 mètres de cir-
conférence, bordé sur tout son pourtour d'un revêtement de
stalactites blanches comme la neige[2] » (*fig. 23*).

[1] Lord Dufferin.
[2] Voyage de Ferdinand de Hochstetter.

III

LE TRAVAIL DE L'EAU SUR LES CONTINENTS

> Les eaux travaillent sans cesse à niveler
> les inégalités de la surface du globe.
>
> Sir Ch. Lyell.

CHAPITRE PREMIER

TRAVAIL MÉCANIQUE ET PHYSIQUE

> Les eaux jouent un rôle très-important dans
> les changements qui se font à la surface du
> globe,... surtout par les mouvements dont elles
> peuvent être animées.
>
> BEUDANT.

En parcourant la terre ferme dans le lit des fleuves, dans
le bassin des lacs, dans les canaux souterrains, l'eau accomplit sans cesse de nombreux et puissants travaux. Une des
causes les plus importantes de destruction réside dans la
propriété qu'elle possède de se dilater par la congélation ; elle
pénètre dans les fissures des roches les plus compactes
et les plus dures, et elle parvient à les briser par la
force mécanique qu'elle développe en se solidifiant ;
d'énormes blocs de pierre sont détachés des montagnes,
comme si un levier puissant et irrésistible les avait soulevés
pour les précipiter dans la vallée sous-jacente.

Le pouvoir délayant de l'eau joue encore un grand rôle
dans les modifications du globe : elle ronge les terrains
qu'elle humecte en délayant doucement la matière terreuse ;
elle s'imbibe dans toutes les fissures, enlève aux particules
terreuses le ciment naturel qui les tenait unies, et produit

ainsi des glissements de terrains souvent suivis de boulever-
sements plus redoutables (*fig.* 24). Son pouvoir de transport est plus important encore : la matière terreuse est sans
cesse charriée par l'eau courante qui l'entraîne, et des
pierres, des rochers même, sont parfois transportés au loin.

Fig. 24. — Glissements de terrains produits par l'action délayante.

Le frottement des cailloux roulés par les torrents opère enfin
comme une lime d'acier capable de polir le granit, les substances les plus dures, et produit dans les montagnes des
excavations énormes (*fig.* 25).

Ces effets multiples, ces travaux divers, l'eau les accomplit souvent simultanément; mais, pour étudier avec fruit
ces actions différentes, il est nécessaire de les séparer et de les
passer en revue les unes à la suite des autres; nous nous

Fig. 25. — Exemple de roches usées par le frottement de l'eau.
Ravin d'Occobamba. (Amérique du Sud.)

engagerons ainsi dans une voie méthodique, et nous circule-
rons librement dans un labyrinthe de faits, puisque nous ne
cesserons de tenir le fil qui dirigera nos pas.

LES COURANTS — LE TRANSPORT

On peut s'étonner de la facilité avec laquelle les courants,
animés quelquefois d'un mouvement peu rapide, transportent du gros sable et du gravier. Mais il faut se rappeler que
le poids d'une roche dans l'eau n'est pas le même que dans
l'air, et vous avez sans doute remarqué que vous êtes *léger*
quand votre corps est plongé dans l'eau. Archimède, bien
avant vous, a fait cette curieuse observation, et il a été ainsi
conduit à la découverte d'un des plus importants principes de
l'hydrostatique.

Tout corps plongé dans l'eau perd une partie de son poids
égale au poids du volume de l'eau qu'il déplace[1], et comme
la densité d'un grand nombre de pierres n'excède pas le
double de la densité de l'eau, il s'ensuit que les substances
charriées par un courant ont généralement perdu la moitié
de ce que nous appelons leur poids.

La plupart des fleuves ne roulent pas leurs eaux avec une
bien grande vitesse, et cependant la quantité de limon qu'ils
entraînent est énorme. L'accélération de leur marche tient
à la pente plus ou moins rapide sur laquelle ils glissent, et la
plupart d'entre eux ont une pente de 1 mètre ou même de
$0^m,50$. On admet que les eaux du Pô tiennent en suspension

---

[1] Il nous semble à peine nécessaire de dire que l'expression dont nous
nous servons ici n'est qu'une manière d'énoncer, d'une façon compré-
hensible pour tout le monde, le principe d'Archimède. Il va sans dire
qu'en réalité un corps plongé dans l'eau ne *perd pas* à proprement parler de son poids : *Il est soumis à un effort de bas en haut égal au
poids du liquide qu'il déplace.*

$\frac{1}{160}$ de leur poids de matériaux solides; celles du Rhin, $\frac{1}{100}$; celles du fleuve Jaune, $\frac{1}{200}$. Un courant qui parcourt une longueur de $0^m,75$ par seconde soulève et enlève dans sa marche du sable fin; si son courant est de $0^m,80$ par seconde, il peut enlever du gravier fin, et de $0^m,90$, des pierres de la grosseur d'un œuf.

D'après les calculs du major Rennel, le Gange déverse dans la mer, au moment des fortes crues, une masse d'eau de 2,850 tonnes par seconde. En tenant compte de la quantité de sable fin et de limon qu'il charrie, on a calculé que ce fleuve jetterait dans l'Océan 1 kilomètre cube de matière solide en 10 jours. Dans les temps ordinaires, quand les crues sont moins fortes, ce kilomètre cube de matériaux solides serait entraîné dans l'espace de trois semaines. La masse totale du limon charrié par le Gange, en une année, dépasserait en poids et en volume, d'après Ch. Lyell, quarante-deux des grandes pyramides d'Égypte; et celle qui est entraînée en quatre mois, à l'époque des fortes crues, serait égale à quarante pyramides.

L'esprit se refuse à concevoir la grandeur de l'échelle suivant laquelle un fleuve tel que le Gange opère un semblable transport; en voyant ses eaux majestueuses traverser lentement la plaine d'alluvion qu'elles sillonnent, il serait bien difficile de deviner l'importance du travail accompli. Que d'efforts l'homme aurait à faire pour réaliser une œuvre si gigantesque ! Il faudrait une flotte de quatre-vingts à cent vaisseaux de la Compagnie des Indes, chargés chacun de quatorze cents tonnes de sable et de limon, pour transporter, de la partie supérieure du bassin du Gange jusqu'à son embouchure, une masse de matériaux, égale à celle que le grand fleuve entraîne bien facilement pendant les quatre mois de ses plus fortes crues !

Si l'on ajoute à cette action de transport du Gange celle qui est due à tous les autres fleuves, on arrivera à des résultats prodigieux, et on verra que l'eau est un ouvrier tita-

Fig. 26. — Action de transport. — Rochers roulés par un torrent. — Jonction des rivières Yanatili et Quillabamba. (Pérou.)

nesque qui ne se lasse pas d'arracher à nos continents les matières terreuses dont ils sont formés, pour les entraîner au loin jusque dans le domaine de l'Océan.

Les fleuves ne charrient pas seulement du limon, ils transportent dans leurs eaux des substances minérales qu'ils y tiennent en dissolution. L'eau qui tombe sur la terre dissout les roches et les pierres qu'elle rencontre. Elle emprisonne dans ses eaux le carbonate de chaux, le gypse, les sels de magnésie, le sel gemme, la silice, l'oxyde de fer de l'écorce terrestre.

L'eau pure des nuages revient chargée de sels à la mer.

Il devrait donc en résulter une accumulation constante de matériaux solubles dans l'Océan, une augmentation de salure qui pourrait arrêter les développements de la vie du monde marin. Mais toutes les plantes qui croissent sur les bords du rivage, toutes les algues qui se laissent bercer par les eaux, toutes les forêts qui s'étendent au fond de l'Océan, se nourrissent; elles absorbent les éléments minéraux de la mer et s'assimilent les sels qui s'y rencontrent, ce qui tend à équilibrer l'action des fleuves.

Les zoophytes et les mollusques se nourrissent encore du carbonate de chaux que les cours d'eau douce ont charrié dans leur domaine; ils transforment ainsi en coraux, en madrépores, en coquillages, les bancs de craie qui couvraient auparavant nos continents. « N'est-ce pas un spectacle plein de grandeur que celui que la nature nous offre dans la sublime simplicité de ses moyens? L'eau des pluies, chargée de l'acide carbonique de l'air, tombe sur nos collines calcaires; elle s'y charge de carbonate de chaux qu'elle verse au sein des fleuves. Porté dans l'Océan, des courants réguliers l'entraînent bientôt, et, saisi par des animaux microscopiques, il ajoute une pierre de plus à l'édifice des empires nouveaux qui s'y préparent pour l'avenir de l'humanité[1]. »

[1] M. Dumas.

LES TORRENTS ET LES RAPIDES

Quand les eaux glissent sur une pente rapide, leur force de transport se trouve singulièrement accrue, et des rochers énormes, ainsi soulevés, suivent la marche de l'onde (*fig.* 26). Le long des versants de montagnes, des ruisseaux se précipitent avec une extrême violence ; ils chassent devant eux des blocs de pierre qui n'ont quelquefois pas moins de 1 mètre cube de volume; souvent ils les posent en équilibre instable sur d'autres pierres, et ne les entraînent qu'après un temps d'arrêt plus ou moins long. C'est ainsi que les roches qui sont nées sur le sommet des montagnes sont transportées dans les vallées, et plus loin encore jusque dans les plaines environnantes. Là, le fleuve en séparera les débris et les roulera jusqu'à la mer, qui les divisera encore pour en former du sable fin. Au milieu de ces dunes de sable jetées sur les rivages du Nord, parmi ces milliers de silex découpés et polis au sein des flots, il y a peut-être quelque grain de cailloux qui s'est échappé du sommet des Alpes !

Dans le nouveau monde, des fleuves d'une grande largeur, parcourant un sol accidenté, se précipitent souvent sur des plans inclinés avec une vitesse surprenante. Ces *rapides* ne s'opposent pas toujours à la navigation, et les indigènes américains osent s'aventurer sur des barques légères au milieu de leurs courants, dont ils bravent les efforts; c'est ainsi que les rapides du Montmorency, au Canada, laissent parfois glisser sur leur cours les esquifs des naturels (*fig.* 27).

En un grand nombre de localités, il se produit des torrents boueux, dans lesquels la tourbe et l'argile quittent le lieu de leur gisement, en produisant de terribles ravages dans leur marche.

Les tourbières de certaines parties de l'Irlande, situées sur des terrains inclinés, se gonflent sous l'action des eaux

Fig. 27. — Rapide de la rivière Montmorency. (Canada.)

pluviales, et se mettent en mouvement dès qu'elles forment une sorte de pâte molle et visqueuse. Dans ces circonstances, elles glissent et s'écoulent rapidement ; malgré leur consistance boueuse, leur vitesse s'accroît à vue d'œil, elles ne tardent pas à renverser tous les obstacles. En 1835, après l'éboulement de la Dent du Midi, dans les Alpes, une énorme masse de débris terreux forma une boue noire et compacte qui ne contenait pas plus d'un dixième d'eau ; elle s'écoula cependant jusqu'au Rhône, et transporta de gros blocs de pierre jusque dans le sein du fleuve, qu'elle fit déborder sur la rive opposée.

Les célèbres torrents boueux du Pérou et de Java ont souvent été signalés par les voyageurs ; ils glissent sur les pentes du sol et couvrent des campagnes entières d'un immense manteau d'argile.

LES GLACES FLOTTANTES

Dans les pays où les froids de l'hiver sont assez intenses pour convertir en glace la surface des rivières, le pouvoir de transport de l'eau courante se trouve encore singulièrement augmenté.

En 1821, M. Larivière, assistant à la débâcle du Niémen sur la Baltique, vit une glace flottante de 9 mètres de longueur descendre le courant du fleuve et venir échouer sur le rivage. Au milieu de la masse d'eau solide se trouvait un bloc de granit de plus d'un mètre de diamètre ; cette pierre, analogue au granit rouge de Finlande, avait été transportée dans un radeau de glace.

Toutes les glaces flottantes sont toujours entremêlées de cailloux et de petits fragments de pierre qui, emprisonnés dans une enveloppe gelée au moment de sa formation, sont entraînés jusqu'au jour où la température plus élevée les délivre par la fusion du moule où ils sont contenus.

9

Il est probable que le déplacement des pierres adhérentes
à la glace s'opère aussi sous l'eau ; car la pesanteur de la
masse formée peut être suffisamment augmentée pour la faire
submerger, comme on l'a souvent observé dans les rivières de
Sibérie.

LES CHUTES D'EAU ET LES CASCADES

Les nombreuses chutes d'eau que l'on rencontre dans le
cours des fleuves en Europe, en Asie et dans toutes les contrées du globe, nous offrent surtout le spectacle des ouvrages
de terrassement et de dégradation qu'exerce l'eau sur les
continents.

En Amérique, le Niagara s'échappe du lac Érié; il sillonne
le sol avec une grande vitesse, et, après un parcours de
12 lieues environ, il se précipite dans un abîme immense
pour aller rejoindre le lac Ontario. Une île située au bord
de la cascade la divise en deux nappes d'eau : l'une produit
la chute du Fer à cheval, l'autre la chute Américaine (*fig.* 28).
La masse d'eau se précipite dans l'abîme ouvert sous son
courant; elle roule son onde sur un lit de calcaire dur, disposé en strates horizontales au-dessus d'un banc d'argile
tendre. Le rocher calcaire s'avance de 12 mètres au-dessus
de l'espace vide et forme un surplomb menaçant, une proéminence énorme qui semble être à la veille de tomber dans
le gouffre.

Le lit d'argile inférieur est sans cesse miné par les bouffées
d'écume, qui s'élèvent du bassin où rebondit la cascade, et
viennent frapper comme une nuée de grains de plomb la paroi terreuse. La couche calcaire, ainsi privée d'appui, se dé-
lite; elle se sépare en fragments qui tombent au milieu du
bassin inférieur et déterminent, par leur chute, des chocs
qui font quelquefois sentir leur action à une grande distance
et résonnent dans l'air comme un tonnerre lointain.

Fig. 28. — Chute du Niagara.

Quand le fleuve a passé la chute, quand il a franchi l'escarpement gigantesque, il va rouler son onde mugissante sur le fond d'une vallée qu'il a creusée dans sa marche rapide, vallée dont il élève sans cesse les parois en usant sous le jeu de son courant les strates horizontales qui en forment le fond. Le lit du fleuve est jonché pêle-mêle de rochers agglomérés, amoncelés en désordre les uns au-dessus des autres; ses rives sont hérissées de rocs à pic qui ne permettent au voyageur de plonger le regard jusqu'au fond du ravin que s'il approche de ses bords escarpés. Ces débris entassés, ces rochers venus peut-être de pays lointains, forment un merveilleux ensemble d'un désordre bizarre et attestent que tous ces matériaux ont été soulevés, entraînés, arrachés du sol qui les a vus naître, par une force gigantesque qui n'est autre que celle de l'eau, à laquelle aucun obstacle ne résiste.

La destruction des gisements où glisse le Niagara, la dégradation des bancs calcaires où il roule ses eaux font reculer les chutes et les soumettent à une marche rétrograde. — En 1829, M. Bakewell constata que la chute canadienne était située à une distance de 40 ou 50 mètres de celle qu'elle occupait cinquante ans auparavant. Si la rétrogradation des chutes s'était toujours accomplie avec la même vitesse dans le même temps, le ravin où elles se précipitent, dont la longueur est de 10 kilomètres environ, aurait été creusé en dix mille ans. Pour que ces calculs soient empreints d'un caractère suffisant de certitude, il serait indispensable de connaître la topographie de cette contrée alors que les chutes ont pris naissance. L'action qui se produit sous nos yeux peut être différente de celle qui a exercé son influence il y a des siècles, et, pour ces sortes de conjectures, une sage réserve est de rigueur.

Il n'est pas moins difficile d'arriver à des suppositions probables sur la rétrogradation future de l'immense cataracte. A mesure qu'elle s'éloigne du lieu où elle s'échappe actuellement, la hauteur du précipice peut augmenter ou diminuer par suite d'un grand nombre de causes modifiantes. Quoi qu'il en soit, si dans la suite des temps les chutes du Niagara atteignaient le lac Érié, ce lac serait probablement mis à sec assez rapidement, car sa plus grande profondeur n'excède pas la hauteur de la cascade. Sa profondeur moyenne étant de 20 mètres environ, il pourrait même être desséché bien avant cette époque[1].

Les touristes et les voyageurs seraient ainsi privés d'un des plus beaux spectacles que leur réserve la nature dans les effets si variés, si changeants, si pittoresques et si grandioses qu'elle sait produire avec l'élément liquide.

Le Zambèze est encore un bel exemple d'excavations agrandies par les eaux ; ce grand fleuve africain s'engouffre dans un immense abîme qu'il creuse sans cesse ; sa chute produit des torrents d'écume et de vapeur qui s'élèvent dans les airs et se perdent jusque dans les nues (*fig.* 29). Qu'on se figure un fleuve de 1,600 mètres de largeur à qui le sol manque tout à coup et qui tombe au fond d'un ravin profond et étroit. Les eaux, resserrées dans ce gouffre, bouillonnent avec une telle énergie, que cinq vastes tourbillons, appelés par les nègres riverains du fleuve « la fumée qui tonne, » s'élèvent jusqu'au ciel en colonnes souples et légères qui cèdent au souffle du vent ; blanches à leur base, sombres à leur sommet, elles ressemblent à la fumée d'un vaste foyer. L'immense fissure où s'écoule le Zambèze est une rupture d'une longue chaussée de basalte ; cette fissure se continue au delà des chutes, elle forme un vaste sillon en zigzag où l'eau tourbillonne et rebondit avec force : quelques-unes de ses parois sont taillées et striées par le liquide mobile, qui les use et les polit sans cesse[2].

Mais c'est surtout autour des chutes du Félou (*fig.* 30)

---

[1] Sir Ch. Lyell, *Principes de géologie.*
[2] Livingstone, *Explorations dans l'Afrique australe.*

Fig. 29. — Chute du Zambèze, d'après Livingstone.

qu'on admire les travaux de sculpture accomplis par les eaux douces. Le fleuve sénégalien inonde certains rivages formés de chaussées de pierre ; ses eaux mettent en mouvement les cailloux de quartz rouge qui s'y rencontrent, et la roche, usée comme au foret ou au ciseau, est découpée en cuvettes nombreuses ; à l'époque des basses eaux, on trouve, au fond de ces orifices plus ou moins profonds, les cailloux entassés qui révèlent ce mode de formation. Dans d'autres endroits, les rochers sont taillés en figurines de toutes sortes ; on voit aussi des dessins en creux non moins dignes de fixer l'attention ; « tantôt ce sont des cathédrales en miniature, des Prométhées, des Laocoons, des chevaux, des hommes, des animaux sans nom ; tantôt d'antiques sarcophages, des baignoires gothiques et des empreintes de pieds humains. Ces merveilles ont exercé l'imagination des nègres et donné naissance à une foule de légendes [1]. »

Il n'est pas nécessaire d'aller si loin pour admirer le spectacle des chutes d'eau et des cascades : la Suisse ou les Pyrénées abondent en semblables merveilles. Qui n'a entendu célébrer les beautés de la chute du Rhin, près de Schaffhouse (*fig.* 51), et quoi de plus imposant, de plus grandiose, que les dix ou douze torrents qui se précipitent le long des parois du *cirque de Gavarnie*? Que l'on s'imagine une aire demi-circulaire, dont l'enceinte est un mur de 1,200 pieds de haut, surmonté par de vastes gradins blanchis de neige; que l'on se représente au-dessus de cet amphithéâtre une série de créneaux formés par les glaciers qui donnent naissance aux torrents abondants... La plus considérable des chutes de Gavarnie parcourt une verticale de 422 mètres (*fig.* 52); « elle tombe lentement comme un nuage qui descend ou comme un voile de mousseline qu'on déploie; l'air adoucit sa chute; l'œil suit avec complaisance la gracieuse ondulation du beau voile aérien. Elle glisse le long du rocher et

---

[1] A. Raffenel, *Voyage dans le pays des nègres.*

semble plutôt flotter que couler. Le soleil luit à travers son
panache, de l'éclat le plus doux et le plus aimable. Elle arrive en bas comme un bouquet de plumes fines et ondoyantes et rejaillit en poussière d'argent ; la fraîche et transparente vapeur se balance autour de la pierre trempée, et sa
traînée rebondissante monte légèrement le long des assises.
L'air est immobile ; nul bruit, nul être vivant dans cette so-
litude : on n'entend que le murmure monotone des cascades,
semblable au bruissement des feuilles que le vent froisse
dans une forêt [1]. »

[1] Taine, *Voyage aux Pyrénées*.

Fig. 50. — Vue générale des chutes du Félou pendant les hautes eaux, d'après un dessin inédit de M. Véron-Bellecourt, lieutenant de vaisseau.

CHAPITRE II

LES DELTAS

Par cela même que les eaux dégradent sans cesse nos continents, il faut bien qu'elles créent quelque part de nouveaux dépôts en proportion de ce qu'elles enlèvent.

BEUDANT.

Les eaux des fleuves et des rivières, qui glissent sur des pentes, entraînent avec elles une quantité énorme de matières terreuses qu'elles transportent et déposent au loin ; ce dépôt de limon opéré par les eaux douces prend souvent les proportions d'un phénomène important dans les modifications que subit sans cesse le relief du globe.

A l'époque de la fonte des neiges, les cours d'eau augmentent subitement de volume : ils débordent, se répandent dans les vallées, et s'y étalent en une large nappe liquide qui abandonne par son repos une épaisse couche de limon. Quand les eaux séjournent dans des lacs, elles déposent encore les substances terreuses que la vitesse du courant charriait en d'autres localités, elles donnent naissance à une couche de vase plus ou moins épaisse. Quand les fleuves enfin « arrivent à la mer, et que cette rapidité qui entraînait les parcelles de limon vient à cesser, ces parcelles se déposent aux côtés de l'embouchure ; elles finissent par y

former des terrains qui prolongent la côte : et, si le rivage
est tel que la mer y jette aussi du sable et contribue à cet accroissement, il se crée ainsi des provinces, des royaumes entiers, ordinairement les plus fertiles et bientôt les plus riches
du monde, si les gouvernements laissent l'industrie s'y
exercer en paix [1]. »

Le limon que font voyager les fleuves se dépose ainsi dans
les lacs, dans les mers intérieures, à l'embouchure des cours

Fig. 31. — Chute du Rhin à Schaffhouse.

d'eau qui se jettent dans l'Océan, et donne naissance à trois
classes distinctes de deltas.

Le terrain d'atterrissement qui se forme à l'embouchure
du Rhône, vers l'extrémité supérieure du lac de Genève,
offre un bel exemple de l'épaisseur que peuvent acquérir les
couches superposées de limon, dans un court espace de
temps. La ville de Portus Valesiæ (Port-Valais), qui était assise, il y a huit siècles, sur le rivage même du lac de Suisse,
en est actuellement séparée par une langue de terre de
2,000 mètres. Le sable et le limon, déposés par les eaux,

[1] Cuvier.

Fig. 32. — Chute de Gavarnie.

ont formé ce vaste territoire; chaque jour, on peut voir à l'œuvre l'élément liquide qui donne naissance à un grand nombre de deltas plus petits sur les bords du lac de Genève, et qui envahit sans cesse le domaine de l'onde transparente et azurée.

Le lac Supérieur, le plus grand lac du monde, qui occupe dans l'Amérique du Nord une superficie presque égale à celle de la France, laisse tomber du sein de ses eaux des quantités considérables de substances terreuses, de sédiment régulièrement déposé en couches épaisses. Le lac Supérieur, comme les autres lacs du Canada, offre sur ses rives des indications précieuses, qui nous montrent l'ancien travail accompli par ses eaux, et nous prouvent que celles-ci atteignaient autrefois un niveau très-élevé. A une grande distance des rives actuelles, on rencontre des lignes parallèles de cailloux roulés, des bancs de coquillages, qui forment les uns au-dessus des des autres des couches superposées, analogues aux gradins d'un amphithéâtre. Ces lignes de galets rassemblés par les eaux, ces collections de coquilles réunies par le mouvement des flots offrent une grande analogie avec les bancs qui se déposent autour d'un grand nombre de baies ; elles s'élèvent quelquefois à une hauteur considérable, et on peut en observer sur des terrains situés à plus de 15 mètres au-dessus du niveau actuel.

La plupart des fleuves forment à leurs embouchures des deltas plus ou moins grands, qui empiètent peu à peu le domaine de l'Océan, en soumettant les découpures des côtes à de fréquentes et profondes variations. — La description que nous a laissée Strabon du delta du Rhône, dans la Méditerranée, n'est plus en rapport avec sa configuration actuelle; ce qui nous indique les altérations qui ont modifié l'aspect du pays depuis le siècle d'Auguste. L'accroissement de ce delta, depuis dix-huit cents ans, est d'ailleurs mesurable, grâce à plusieurs constructions antiques qui nous parlent un langage précis. A de grandes distances de la côte actuelle, on trouve plusieurs lignes de tours et de signaux nautiques qui avaient été certainement élevés sur les bords mêmes de la mer. — La presqu'île de Mége, décrite par Pomponius Mela, est enterrée dans les continents, bien loin des rivages de la Méditerranée. — La tour de Tignaux, élevée en 1737, sur la côte, en est aujourd'hui éloignée de 1,600 mètres.

La mer Adriatique, qui présente la réunion des conditions les plus propres à la prompte formation d'un delta, — un golfe qui s'avance bien avant dans les terres, une mer sans marée, sans courants, le tribu du Pô, de l'Adige et de nombreux cours d'eau, — nous présente encore, dans tout son ensemble, le spectacle des travaux d'atterrissement dus au pouvoir de transport des eaux douces. Tous les fleuves qui déversent leurs eaux dans l'Atlantique façonnent sans cesse de puissantes digues de limon et de sable ravis au sol qu'ils ont traversé; ils forment contre l'Adriatique une redoutable alliance, une terrible coalition, dans le but d'avancer la ligne de côtes et de restreindre ainsi le domaine du golfe. — Adria, qui, sous Auguste, recevait dans son port les galères romaines, est devenue une ville, entourée de campagnes et située à 8 lieues du rivage. La ville de Spina, bâtie avant notre ère, à l'embouchure d'un grand bras du Pô, est enfoncée de nos jours à 4 lieues dans les terres.

Le Pô, en charriant à son embouchure des volumes énormes de sable fin et de limon, envahit constamment la mer, qui, privée de flux et de reflux, ne sait pas opposer d'obstacle aux conquêtes du fleuve terrestre. Toutes ces contrées sont sans cesse soumises à de profondes modifications; et nous citerons, entre autres, l'exemple de la rivière Isonzo, qui a peu à peu abandonné son lit, chassée qu'elle en était par la vase et les dépôts d'alluvion. Elle coule aujourd'hui à plus d'une lieue à l'ouest de son ancien canal, et aux environs de Ronchi on a trouvé un ancien pont romain enfoui sous le limon fluvial.

Au lieu d'abandonner, de déserter leur lit, quelques fleuves élèvent peu à peu leur niveau au-dessus du sol, en couvrant, par leurs dépôts d'alluvion, le terrain où ils glissent : ils élèvent aussi leurs bords, qui, avec les siècles, forment deux murs, encaissant l'onde qui leur a donné naissance. Le Mississipi et le Nil nous offrent l'exemple de fleuves qui exhaussent ainsi leur lit[1].

Les bords du Nil sont beaucoup plus élevés que les plaines environnantes, de sorte que, pendant les fortes crues, lorsque les eaux débordent et inondent les contrées voisines, ils ne se trouvent que très-rarement engloutis sous les eaux. Le Nil, qui, avec la plupart des grands fleuves, est soumis, sous l'action de variations atmosphériques, à des inondations périodiques, à des débordements annuels, répand ses eaux, par suite de l'élévation graduelle de son lit, sur des espaces de plus en plus considérables, et l'alluvion envahit ainsi chaque année davantage le sable du désert. Des temples et des statues antiques qui étaient à l'abri des eaux, il y a trente siècles, disparaissent aujourd'hui sous une épaisse couche de limon. Les prêtres de l'ancienne Égypte avaient donc raison d'appeler leur contrée « un présent du ciel, » puisqu'elle doit sa fécondité au fleuve généreux qui en fertilise le sol.

Par la raison que le Nil dépose son limon dans les terres,

---

[1] Un grand nombre de lacs exhaussent leur lit de la même façon, non pas par le limon que leur eau dépose, mais par des éboulements de rochers qui tendent à les combler. Le lac d'Oo, dans les Pyrénées, est encaissé dans des montagnes, et se trouve situé au fond d'un véritable entonnoir. Tous les ans, des rochers, des matières terreuses, tombent dans ce lac, et en élèvent très-sensiblement le fond. Les eaux ne peuvent dépasser un certain niveau parce qu'elles rencontrent des ouvertures d'où elles s'écoulent dans les vallées inférieures ; il arrivera donc un moment où le lac d'Oo sera complétement à sec, quand son fond se sera élevé au niveau qu'occupe actuellement la surface de son onde. Ce fait est un bel exemple des modifications géologiques que la nature fait subir aux pays montagneux

il n'accroît pas rapidement le grand delta situé à son embouchure; cependant quelques bouches du Nil, mentionnées par des géographes anciens, sont actuellement fermées, obstruées par la vase. « La distance de l'île de Pharos à Egyptus, dit Homère, est égale à celle qu'un vaisseau peut parcourir en un jour par un vent favorable. » Aujourd'hui, un nageur pourrait en quelques brasses aborder cette île, unie au rivage par une digue artificielle.

Quand les fleuves, au lieu de jeter les eaux dans les mers intérieures, les précipitent dans l'Océan, ils ont à subir l'influence des marées, et les deltas ne peuvent plus prendre naissance aussi rapidement. Les courants de marée livrent un terrible combat au courant de l'artère fluviale, et souvent, au lieu d'un empiétement de la terre ferme sur la mer, c'est l'eau salée qui pénètre dans l'embouchure du fleuve d'eau douce ; l'Océan s'introduit ainsi dans le continent, où il forme un golfe, un estuaire, un *delta négatif*.

Mais, quand le volume du fleuve est considérable, quand la vitesse de ses eaux est énorme, l'action des marées peut être neutralisée ; et l'artère continentale parvient à construire son delta, en dépit du courroux des flots.

A l'embouchure du Gange, l'Océan est envahi par une langue de limon, longue de 80 lieues et large de 72. Les bords de ce grand delta sont découpés, dentelés par une infinité de petites rivières, par un labyrinthe de filets d'eau salée qui s'étendent sur un vaste espace appelé *sonderbonds* ; c'est un véritable désert où règnent en maîtres les tigres et les alligators sur une superficie équivalente « à celle du pays de Galles, » d'après l'expression de Rennel.

Quand les eaux du fleuve sont basses, la marée exerce son action jusqu'à la pointe du delta ; mais, quand les pluies tropicales ont gonflé leur sein, elles se précipitent avec une vitesse effroyable ; elles savent résister aux oscillations de la mer, repousser le terrible élément, en surmonter les efforts. Le delta s'accroît alors en peu de temps et s'avance rapide-

ment vers l'empire des mers. Pendant les autres saisons de
l'année, les flots de l'Océan prennent une terrible revanche;
l'armée des vagues balaye les canaux, dévore les plaines d'alluvion, et l'eau salée use de représailles à l'égard de l'eau
douce.

CHAPITRE III

LES INONDATIONS

> C'est mal comprendre les harmonies natu-
> relles que de les estimer à l'étroite mesure
> des avantages que l'homme en peut retirer :
> si la nature est son auxiliaire, elle est en
> même temps son ennemie ; il soutient contre
> elle une lutte de tous les instants, la com-
> bat avec des armes qu'il lui arrache jusqu'au
> jour inévitable où il est vaincu.
>
> LAUGEL.

La pluie, et les torrents qui en sont la conséquence ; les
avalanches et les débordements de rivières qui en résultent ;
les tremblements de terre qui chassent de leur lit des lacs entiers ; les glaciers qui forment les parois temporaires d'une
masse d'eau, à laquelle ils ouvrent un passage immédiat par
leur liquéfaction rapide, sont les principales causes des inondations.

En 1826, les montagnes Blanches (New-Hampshire) furent
inondées par une pluie torrentielle, après deux années de sécheresse. Les torrents formés, s'écoulant avec rapidité sur
le versant des montagnes, roulèrent d'abord de grosses pierres jusque sur les rives du Sacco ; puis, leur vitesse s'accé-
lérant de seconde en seconde, ils ne tardèrent pas à entraîner
les arbres, et le sol qui en fixait les racines. Une de ces masses
mouvantes, qui ne mesurait pas moins de 100 mètres d'é-

tendue, se précipita dans le lit du Sacco et produisit un débordement partiel, tandis que les torrents grossissaient à vue d'œil sous l'action de la pluie. En quelques heures, plusieurs vallées furent complétement inondées, et de toutes parts accouraient en désordre des courants puissants, chargés de sapins abattus, de forêts d'arbres arrachés du sol, comme les épis de blé sous la faux du moissonneur. Les rivières de Sacco et de l'Amonoosuck débordèrent complétement, se ruèrent en dehors de leurs canaux jusque dans les plaines environnantes, et, en peu de temps, plusieurs lieues carrées du territoire voisin ne présentèrent plus qu'une terrible scène de désolation.

En 1818, la vallée de Bagnes fut convertie en un lac immense par suite de l'engorgement de quelques défilés causé par des avalanches de neige. Ce lac était retenu par des montagnes de glace, par des digues de neige qui fondirent au printemps ; et la vallée, remplie d'eau, se vida en moins d'une demi-heure. Les eaux formèrent à travers les défilés ouverts un torrent de 9,000 mètres cubes de capacité ; se précipitant avec une vitesse de 10 mètres à la seconde, elles inondèrent bien loin les terres environnantes, entraînant avec elles les maisons, les arbres, les rochers et la terre labourée.

La liste de ces désastres est malheureusement très-longue, et les exemples du même ordre pourraient se multiplier à l'infini. Dans ces catastrophes, l'eau apparaît dans toute la violence de son action, balayant sans pitié les productions de la nature comme les travaux humains, et se montrant à nous, suivant l'expression de Pindare, « comme le plus fort et le plus terrible des éléments. »

Le Rhône, la Loire et tous les fleuves sont souvent soumis à des débordements dont nous ne connaissons que trop bien les funestes conséquences, et on a senti la nécessité d'obvier au retour de semblables malheurs. Mais comment combattre un ennemi si redoutable ? comment arrêter cette formidable invasion des flots ? faut-il préparer d'avance des réservoirs immenses, capables de recevoir le trop-plein des fleuves au moment des crues exceptionnelles ? faut-il établir des bassins de retenue, des digues perpendiculaires, construire des barrages ? Tous ces travaux pourront se traduire évidemment par d'heureux résultats ; mais ce n'est pas tant le mal qu'il faut attaquer en face, c'est la cause qu'il s'agit d'étudier pour la détruire. Le régime des cours d'eau, depuis quelques années, est tout à fait irrégulier ; sujets à des crues subites, ils débordent fréquemment ; d'autre part, des rivières s'ensablent, des fleuves et des sources abondantes tarissent. Pourquoi ce déréglement dans le système hydraulique ? pourquoi ce désordre dans les artères continentales ? Parcourez les forêts qu'on déboise ; allez voir les arbres des montagnes tomber sous la hache du bûcheron, et là vous verrez à l'œuvre les collaborateurs de l'inondation. Ce n'est pas en France que nous ferons voir l'influence du déboisement ; nous nous transporterons en Amérique, où les phénomènes naturels sont pour ainsi dire amplifiés, et partant plus appréciables.

En 1800, Humboldt chercha, près de la ville *Nueva Valencia*, le lac Valencia, dont il avait trouvé de nombreuses descriptions dans des auteurs anciens ; le lac dont on parlait n'était plus qu'une mare, et les îles signalées s'étaient transformées en monticules. Ajoutons que depuis deux siècles on avait constamment opéré de nombreux déboisements dans les environs. Vingt-cinq ans plus tard, M. Boussingault parcourut ces régions, et le lac semblait revenir à sa largeur première ; mais depuis vingt-cinq ans, la culture négligée par suite de guerres civiles, avait permis aux forêts voisines de cacher le sol sous d'épais rameaux. Dans l'île de l'Ascension, même phénomène : une montagne est déboisée ; une abondante source voisine sè tarit. Plus tard, la source reparaît avec les arbres qu'on laisse croître. Dans d'autres régions les forêts dévastées sont suivies d'inondations fréquentes ; ailleurs enfin, les arbres sont conservés et le régime des eaux ne varie pas ; sur la route de Quito, par exemple, se trouve le lac San Pablo : depuis le temps de la première invasion du Pérou, le pays est resté le même, les arbres ont été respectés, le lac n'a pas varié.

Ces faits nous prouvent que les grands déboisements favorisent l'évaporation des eaux, rendent les pluies irrégulières et amènent le desséchement des lacs et des cours d'eaux. Quand, au contraire, les pays sont boisés, les eaux de pluies sont retenues à la surface du sol ; chaque tronc d'arbre s'entoure de matières terreuses charriées par les eaux, et celles-ci sont ainsi arrêtées dans une série de petits canaux. Arrachez ces arbres, des torrents, pendant les fortes pluies, glisseront sur le versant des montagnes ; ne rencontrant aucun obstacle, ils iront faire déborder les fleuves. Mais plus importante encore est l'action due aux forêts. Les feuilles, pendant la nuit, condensent la vapeur d'eau atmosphérique ; elles dépouillent l'air de son humidité et rendent les pluies moins torrentielles : en un mot, les bois régularisent le régime des cours d'eau, mettent un obstacle à la dégradation du sol et ralentissent l'ensablement des rivières.

Est-ce à dire que le déboisement soit la seule cause du fléau des inondations ou de l'appauvrissement des cours d'eau, et que la plantation seule d'arbres nombreux suffirait à combattre le mal ? Telle n'est pas notre pensée ; mais, si insuffisant que soit le remède, n'est-il pas plus sage de l'employer que de proposer mille systèmes infaillibles et de n'en essayer aucun ? Il ne suffit pas de discourir et de discuter, il faut agir : l'ennemi ne peut-il pas nous surprendre à l'improviste pendant que nous méditerons le plan de campagne ?

LA SEINE ET LES FLEUVES DE FRANCE

Nous venons de parler succinctement de quelques grands cataclysmes dus à des inondations mémorables qui rentrent presque, par la puissance de leurs effets, dans le domaine des phénomènes météorologiques. Il ne nous semble pas inutile de donner quelques détails historiques sur des événements d'une importance moindre au point de vue de la physique du globe, mais qui nous touchent de beaucoup plus près, puisque le cercle de leur action peut s'étendre jusqu'à la demeure de chacun de nous. Nous voulons parler des débordements de nos fleuves, de ces cours d'eau, souvent paisibles, mais quelquefois menaçants, qui découpent notre territoire.

La Seine elle-même, si paisible habituellement, a exercé de grands désastres en 1872, et le souvenir de ses récentes inondations, présentes encore à l'esprit de tous nos lecteurs, nous encourage à jeter un coup d'œil sur le passé, afin de passer en revue des événements analogues parmi lesquels nous pourrons rencontrer d'utiles enseignements.

La Seine a prouvé l'an dernier qu'elle n'est pas toujours d'humeur débonnaire, mais, bien avant notre époque, elle était parfois sortie de son caractère placide, et de son lit. Il suffit de lire les écrits de Grégoire de Tours, pour y trouver le terrible récit d'une inondation qui, en 583, fornia un véritable lac en amont de la Cité : un grand nombre d'embarcations périrent.

« En mars 1196, dit M. le baron Ernous, à qui l'on doit une excellente étude sur le régime des cours d'eau en France, la Seine s'éleva de nouveau à une hauteur inouïe; on vit le roi Philippe Auguste, chassé de son palais par l'invasion des eaux, « suivre la procession, avec larmes et soupirs, comme « le dernier de ses sujets. » Les autres sinistres de ce genre, mentionnés comme tout à fait exceptionnels, sont ceux de 1206 et 1296, la débâcle furieuse de 1407, venue à la suite d'un hiver digne de la Sibérie, où il y eut « de la glace jus- « qu'au fond des puits; » la crue du mois de juin 1486, si subite et si violente, que, suivant le *Journal d'un bourgeois de Paris*, elle vint à « éteindre le feu de la Saint-Jean, sur « la place de Grève, tandis que les gens dansaient autour. »

Il y eut aussi, au seizième siècle, de fort grands déborde- ments, notamment celui de 1566, que le peuple de Paris ne manqua pas d'attribuer à l'impiété des « parpaillots. » Toutes ces crues furent dépassées par celle de 1658, la plus haute qui ait été anciennement observée sur le cours entier du fleuve. Le 1er mars, à minuit, le pont Marie s'effondra en partie avec plusieurs de ses maisons, dont les habitants pé- rirent. L'eau submergea, dans toute la vallée de la Seine, des terrains où elle n'avait pas paru depuis des siècles. Ce désastre avait tellement terrifié nos ancêtres, qu'on se préoc- cupa sérieusement, pendant quelques années, du projet d'un canal de décharge de la Seine, par Chaillot ou Saint-Ouen. Ce projet fut longuement élaboré par Pierre Petit, ingénieur fort habile pour ce temps-là. L'un des passages les plus curieux de son mémoire est celui où il raille agréablement les novateurs téméraires, partisans de l'exhaussement con- tinu des quais, « comme s'il y avait l'ombre du bon sens à supposer qu'on pût voir jamais des portes cochères à la hau- teur où se trouvaient des alcôves. »

En 1740, le Journal de Barbier nous retrace l'effet d'une terrible inondation de la Seine. Les Champs-Élysées, le quar- tier des Invalides et les abords du Louvre étaient couverts d'eau. « Du côté de Bercy, dit Barbier, c'est une pleine mer. La grève est remplie d'eau, la rivière y tombe par-dessus le parapet : dans les maisons à porte cochère, les bateaux en- trent jusqu'à l'escalier, comme feraient les carrosses. »

L'année 1802 est signalée par une crue mémorable; l'eau de la Seine s'éleva à 7^m,45, hauteur qu'elle a presque atteinte en 1872. On voit par ces faits que les colères de la Seine sont rares dans l'histoire, et que ce fleuve clément et modeste ne se signale généralement que par les bienfaits de son onde. Le proconsul des Gaules, Julien, n'avait-il pas raison de vanter les charmes de sa chère Lutèce?

Il n'en est pas de même de la Loire, qui, déjà, au temps de l'invasion romaine, était considérée comme un fleuve dangereux. César, dans ses *Commentaires*, se plaint des inondations de la Loire, qui ont entravé un important mouvement stratégique de ses troupes. Les désastres occasionnés par les débordements de la Loire sont trop connus, et malheureusement trop fréquents dans l'histoire, pour que nous croyions devoir nous y arrêter. Mais, en France, c'est le seul fleuve, avec le Rhône, qui ait occasionné de véritables désastres. N'est-ce pas sur ses rives que les travaux de reboisements, si indispensables, si efficaces, devraient préoccuper sérieusement l'attention de l'administration? Malheureusement on songe au péril quand il a cessé ses effets, et la prudence n'est généralement pas le caractère dominant de la nature humaine. Il faut qu'un désastre nouveau fasse songer aux mesures qu'on aurait pu prendre pour l'éviter; mais il est trop tard quand il a déjà accompli son œuvre de destruction!

CHAPITRE IV

LE TRAVAIL CHIMIQUE

Certaines eaux ont le pouvoir de pétrifier
et de convertir en marbre les corps qu'elles
touchent.

OVIDE.

FONTAINES PÉTRIFIANTES — STALACTITES

Les effets produits par les fontaines dites pétrifiantes ont
de tout temps attiré l'attention des naturalistes. « A Perpe-
rena, dit Pline, il y a une fontaine qui pétrifie toute la terre
qu'elle arrose ; ce que font aussi certaines eaux chaudes à
Delium, dans l'Eubée ; car, dans l'endroit où tombe le courant, il se forme des pierres élevées les unes sur les autres.
A Eurymènes, les couronnes que l'on jette dans une certaine
fontaine s'y pétrifient. A Colosse, coule une rivière où les
briques qu'on y jette se changent de même en pierre. Dans
les mines de Scyros, tous les arbres arrosés par les eaux qui
y coulent sont pétrifiés avec leurs branches. »

Cette idée de *changement d'un corps en pierre* par le contact de certaines eaux s'est propagée de siècle en siècle, et,
de nos jours encore, grand nombre de personnes s'imaginent
que les sources dites pétrifiantes transforment en pierre les
substances organiques.

C'est une erreur.

Le liquide chargé de carbonate de chaux dépose le sel qu'il ⁱ
tient en dissolution à la surface des corps organisés, animaux ⁱ

Fig. 53. — Cascade pierreuse formée par les eaux d'Hiéropolis (Asie Mineure).

ou végétaux, et les recouvre d'une couche solide, d'un enduit pierreux, d'un vernis calcaire, qui en retrace la forme
extérieure ; mais il n'en remplace pas la matière. Les sub-

stances organiques se revêtent ainsi d'une enveloppe solide et peuvent se conserver longtemps sans s'altérer.

En France, près de Clermont (Puy-de-Dôme), à Sainte-Allyre, à Saint-Nectaire, et dans un grand nombre d'autres localités, il existe des sources et des fontaines qui possèdent cette propriété incrustante; on y plonge des paniers de fruits, des nids d'oiseaux, des branches, des objets de toute nature, qui en très peu de temps se couvrent d'un enduit pierreux. Les eaux d'Hiéropolis, en Asie Mineure, présentent un des plus beaux phénomènes connus d'incrustation; elles coulent sur le versant d'une montagne et y forment une série d'admirables cascades pétrifiées (*fig.* 55).

Les eaux de pluie, chargées de l'acide carbonique de l'air, traversent souvent d'épaisses couches de terrains calcaires, et elles dissolvent d'assez grandes quantités de carbonate de chaux, à la faveur de l'acide carbonique qu'elles tiennent en dissolution. Soumises à l'action de la pesanteur, elles s'enfoncent dans le sol, et, si elles y rencontrent des cavernes ou des vides, elles s'évaporent au contact de l'air, elles perdent leur acide carbonique; le calcaire qu'elles tenaient en dissolution se dépose, en donnant naissance à des ornements singuliers que la nature se plaît à modeler de mille manières.

Les souterrains naturels sont ainsi souvent garnis de *stalactites*, dépôts de forme conique, résultant de l'infiltration d'une eau minérale à travers leurs parois, et se formant verticalement de haut en bas, à la manière des aiguilles de glace que nous apercevons au bord de nos toits pendant l'hiver. Pendant longtemps le mode de formation des stalactites est resté inexpliqué; on supposait que les pierres poussaient et végétaient comme les plantes, et on était loin de rapporter au travail de l'eau ces espèces de végétations merveilleuses.

Les stalactites sont généralement formées de carbonate de chaux; cependant il en existe qui sont constituées par de la silice, par de la malachite, etc.; mais, dans tous les cas,

leur mode de formation est identique : nous nous en tien-
drons donc au carbonate de chaux. Cette substance est inso-
luble dans l'eau pure ; mais elle se dissout dans l'eau chargée d'acide carbonique. Supposons qu'une eau de cette nature
s'infiltre dans le sol et pénètre dans les fissures des roches
qui forment les parois d'une grotte, ou suinte à travers leur
tissu poreux : il y aura des gouttes qui resteront quelque
temps suspendues à la même place ; elles s'évaporeront successivement en abandonnant le carbonate de chaux qui s'y
trouvait dissous. La première goutte laissera un dépôt de
forme annulaire presque imperceptible, la deuxième aug-
mentera ce dépôt, et ainsi de suite, jusqu'à lui donner une
forme analogue à celle d'un tuyau de plume : l'évaporation
successive et continue d'autres gouttes finira par boucher
l'orifice. L'eau s'écoulera alors le long des parois du tuyau
qui grossira extérieurement ; et, comme les dépôts sont plus
abondants vers la base qu'à l'extrémité, en raison de l'appauvrissement progressif du liquide, la stalactite offrira bientôt l'aspect d'un cône très-allongé.

L'eau, en s'échappant de la partie supérieure de la voûte,
tombe verticalement sur le sol. Là, elle s'évapore entièrement
et met en liberté le reste du calcaire ; il en est de même
pour les autres gouttes qui forment, au-dessous de la stalactite, un dépôt de même nature appelé *stalagmite*. Les stalagmites, s'accroissant ainsi de bas en haut, pourront rencontrer les stalactites, qui s'accroissent en même temps de
haut en bas suivant la même verticale, et former de cette
manière les colonnes bizarres qui décorent l'intérieur de ces
grottes. Le liquide qui coule le long des parois latérales donne
naissance à des dépôts dont la forme est comparable à celle
des draperies ou de plis ondoyants, ou à celle d'une cascade
instantanément pétrifiée. Le hasard se plaît, en un mot, à
les modeler, à les contourner de toute manière, en leur donnant quelquefois l'aspect d'objets réels du plus singulier
effet.

On connaît en France, notamment dans les Pyrénées et aux environs de Besançon, des grottes de ce genre, où l'eau se livre sans cesse à la construction de ces ornements fantas-

Fig. 34. — Grotte des demoiselles. (Hérault).

tiques. La Grotte d'Antiparos, dans l'Archipel grec, visitée et décrite par le célèbre naturaliste Tournefort, est la plus remarquable de toutes. Après celle-ci, le *Trou du Han*, en

11

Belgique, vient en première ligne; on peut citer ensuite la Grotte des Demoiselles dans l'Hérault (*fig.* 34), celles d'Arcy en Savoie, de Kirdale en Angleterre, de Gaileureuth en Bavière.

La grotte du Han est située dans la province de Namur. Dans cette contrée, une petite rivière, la Lesse, pénètre au pied d'une montagne dans une cavité rocheuse, et disparaît au fond d'un gouffre obscur avec un fracas épouvantable. On la retrouve à douze cents mètres de là, sur l'autre versant de la montagne; ses eaux, agitées tout à l'heure, sont à présent calmes et limpides comme celles d'une source de cristal… Quel chemin ont-elles parcouru dans le sein de la terre? Nul ne le sait. Des corps flottants sont-ils jetés du côté de la montagne où s'engouffre la Lesse, on ne les retrouve jamais de l'autre[1] : les eaux, à l'entrée, sont-elles troublées, noircies par un orage, il faut un jour entier pour que leur transparence soit altérée à la sortie.

Sous le rocher d'où s'échappe la Lesse pour reprendre son cours, règne une obscurité terrifiante; c'est un gouffre profond, où l'on pénètre pour explorer la curieuse caverne. La grotte du Han est composée de 22 salles différentes et de plusieurs souterrains étroits d'une grande longueur. Ces cavités ont sans doute été façonnées jadis par des tremblements de terre, par des vibrations du sol; elles ont ensuite été polies, usées intérieurement par les eaux souterraines, et elles se sont enfin hérissées peu à peu des dépôts de stalagmites. Il faut les avoir parcourues pour se représenter exactement la diversité, la singularité du spectacle qu'elles vous réservent.

Après avoir traversé successivement la « Salle Blanche, » ainsi nommée à cause de la couche brillante de carbonate de chaux qui émaille les stalactites et les rochers, le « Trou au

---

[1] Ce fait, qui est commun à quelques fleuves, au Rhône, etc., s'explique facilement, en supposant que l'eau traverse sous terre un rocher percé de petits trous, un filtre naturel, qui laisserait passer le liquide en retenant les corps solides.

Salpêtre, » la « Salle des Scarabées, » la « Salle du Précipice, » qui renferme une stalagmite remarquable de la forme
d'un balcon suspendu au-dessus d'un gouffre profond, « la
Grotte d'Antiparos, » qui doit son nom à un bloc calcaire
analogue au fameux « tombeau » qu'on rencontre dans la caverne de l'Archipel grec, puis la « Galerie de l'Hirondelle, »
on pénètre dans la « Grande Rue, » corridor étroit de 115
mètres de long, percé naturellement dans un beau marbre
noir toujours poli par l'eau qui suinte à sa surface ; on arrive aux « Grottes mystérieuses, » où sont amoncelées les
plus surprenantes merveilles de cette vaste construction souterraine. Quand la lueur des feux de paille éclaire tous les
groupes de stalactites qui se détachent sur un fond noir et
ténébreux, quand apparaissent à la vue les stalagmites d'albâtre qui jonchent le sol, les colonnes fines et déliées ou
quelquefois massives et compactes, les draperies ondoyantes
gracieusement festonnées, l'infinité d'aiguilles translucides,
de toute grosseur, de toute longueur, qui tapissent la voûte,
les concrétions de toute forme, ornements singuliers d'une
architecture capricieuse, on éprouve la sensation que produit
un rêve invraisemblable.

Plus loin, on descend à 500 pieds sous terre, dans l'immense « Salle du Dôme, » qui n'a pas moins de 200 pieds
de long sur 580 pieds de large. On ne voit plus de stalactites, car la lueur des torches n'éclaire pas la partie supérieure de la voûte, et dans les hauteurs règne une obscurité
saisissante ; mais les stalagmites qui jonchent le sol sont
d'une grandeur colossale, d'une forme exceptionnelle ; tout
est travaillé, modelé avec un art indicible. Là, c'est un immense tombeau d'albâtre qu'on nomme le « Mausolée ; » ici,
c'est un bloc calcaire noirâtre, étincelant de cristaux ; plus
loin, c'est un cygne fantastique qui se tient par le bec aux
parois de la voûte : c'est une tiare qui paraît coiffer la tête
d'un géant ; c'est un trône colossal appelé « Trône de
Pluton. » Tout autour, sont entassés, amoncelés pêle-mêle,

des blocs immenses de rochers polis et arrondis par l'action
de l'élément liquide.

Le silence dans ces sombres galeries n'est troublé que par
la chute des gouttes d'eau qui se succèdent régulièrement, et
en ajoutant par leur évaporation quelques atomes de calcaire
au monument qu'elles construisent ; ce bruit, saccadé comme
celui d'un pendule d'horloge, est le seul indice du travail
que l'eau poursuit dans ces souterrains depuis une suite
d'années incalculable[1].

PISOLITHES — OOLITHES

Les eaux qui tiennent en dissolution des matières solides
donnent encore naissance à d'autres formes de concrétions
que les géologues appellent « pisolithes, oolithes, » suivant
la dimension de leurs grains (*fig.* 35). Ces pierres globulaires
se forment sous l'influence de tourbillons, qui jaillissent
dans le bassin où se réunissent les eaux incrustantes. Celles-
ci, par leur mouvement de rotation, soulèvent et maintien-
nent en suspension dans le liquide des parcelles de sable qui
deviennent des centres d'attraction : la matière calcaire dis-
soute s'y dépose, les entoure d'une pellicule qui grossit et
devient peu à peu une enveloppe épaisse. Devenus plus lourds,
les grains tombent au fond du liquide, et alors ils se sou-

[1] Les stalactites ou les stalagmites, comme nous le disions précédemment ne sont pas toujours formées de carbonate de chaux. Les eaux
ferrugineuses qui suintent dans des grottes déposent parfois des agglomérations d'oxyde de fer, irisé, d'un très-bel aspect. La grotte du Chat,
près de Bagnères-de-Luchon, est un bel exemple de dépôt ferrugineux de
ce genre ; elle est entièrement tapissée d'oxyde de fer irisé, dont la couleur est analogue à celle de l'aile d'un charançon. Quand on éclaire avec
des feux de paille l'intérieur de cette grotte, les rayons lumineux se
reflètent sur les paillettes d'oxyde, qui revêtent tout à coup l'aspect des
plus belles pierres précieuses.

dent entre eux, ils s'agglutinent et produisent des masses granuliformes. On voit de nos jours se produire de semblables roches dans les eaux calcaires de Vichy, de Carlsbad en Bohême, de Tivoli près de Rome, etc.

Tandis que les pisolithes ne forment jamais que des concrétions très-circonscrites, les oolithes, au contraire, ont

Fig. 55. — Fragments de roches oolithiques et pisolithiques façonnées par les eaux.

donné quelquefois naissance à des montagnes entières. Dans ce cas, d'autres causes ont dû être mises en action ; mais on ne peut que présumer la nature de cette formation singulière qui remonte à des époques géologiques anciennes ; cependant c'est encore l'eau qui est certainement intervenue dans ce travail. Certains géologues admettent que ces concrétions auraient été produites dans des eaux tranquilles et peu profondes, en se déposant d'abord à la surface même du liquide, en raison de leur ténuité première. D'autres savants supposent qu'elles auraient pris naissance au sein du liquide, et que la matière calcaire se serait moulée autour d'une infinité de petits corps ovoïdes, tels que des œufs de poisson. Enfin, on a eu recours à l'action mécanique, et on a expliqué la formation de ces concrétions bizarres par l'action des vagues sur un sédiment calcaire consolidé[1]. Quoi qu'il en soit, l'eau est certainement l'ouvrier habile qui a moulé ces pierres

[1] Voir Delafosse, *Minéralogie*.

singulières, qui a agglutiné ces myriades de petits grains
dont certaines roches sont formées tout entières : et si nous ne
savons pas comment a opéré l'artiste, nous n'en devons pas
moins admirer son œuvre.

L'eau chargée d'acide carbonique dissout encore les roches
calcaires pour produire souvent des excavations profondes;

Fig. 36. — Pont naturel d'Aïn-el-Liban.

il est probable que le célèbre pont naturel d'Aïn-el-Liban est
le résultat d'un semblable travail (*fig.* 36).

LES EAUX DORMANTES

Après avoir vu à l'œuvre les eaux en mouvement, arrê-
tons-nous devant ces vastes marécages où l'élément liquide
est en stagnation, où il s'étend inerte et sans vie sur un sol
uni et plat: Tout autre est le travail qu'il accomplit, mais
non moins importante est l'action produite.

Les matières organiques, les débris végétaux de toute nature, les vestiges de roseaux et de plantes marécageuses se
rassemblent dans l'onde dormante, qui désorganise ces substances, les putréfie, les décompose; une véritable fermentation se produit dans ces étangs, dans ces marais, où aucun
courant ne renouvelle l'onde toute remplie des cadavres du
monde végétal. Des miasmes délétères, des gaz méphiti-
ques s'élèvent de ces cuves immenses, où la nature amoncelle les mousses aquatiques de toute espèce, qui périssent
elles-mêmes et prennent part à la fermentation générale;
les débris d'arbres et de plantes se carbonisent en partie,
ils forment au fond de ces marécages des dépôts abondants
qui se sèchent à travers les siècles et se transforment en
tourbe.

Tel est le tableau rapide des effets produits sur la pellicule
terrestre par le travail des eaux. En résumé, l'élément liquide, dans son mouvement, agit comme force mécanique,
en délayant des terrains qu'elle détrempe, en polissant les
pierres, en transportant le limon et l'argile; comme force
physique, en se dilatant par la congélation, et en donnant
ainsi l'impulsion aux avalanches qui font déborder les rivières
et produisent les inondations; comme force chimique enfin,
en dissolvant les roches et les minéraux.

Sur les continents, comme dans la mer, l'action des eaux
est destructive et reproductive. Elle charrie les molécules
terreuses, mais elle les dépose ailleurs. La montagne alimente le delta.

Elle dissout le calcaire et l'entraîne dans l'Océan; mais
elle le porte aux polypiers qui s'en saisissent, et elle bâtit
ainsi, au milieu des mers, des bancs madréporiques immenses. Les continents actuels fournissent ainsi les matériaux de
futurs continents.

Le spectacle de toutes ces actions mises chaque jour en jeu
devant nous est le témoignage de l'admirable mécanisme qui

règle le monde ; nous voyons par quelle compensation sublime la nature sait conserver l'harmonie des choses, et comment elle arrive à maintenir par des contre-poids l'équilibre de la balance universelle.

CHAPITRE V

HIER ET DEMAIN

—

> La terre ne présente pas toujours le même
> aspect : là où nous foulons aujourd'hui un sol
> continental, la mer a séjourné et séjournera
> encore ; la région où elle est à présent fut jadis
> et redeviendra plus tard encore un continent.
> Le temps modifie tout.
>
> ARISTOTE, *Traité des météores.*

« Passant un jour par une ville très-ancienne et prodigieusement peuplée, je demandai à l'un de ses habitants depuis quand elle était fondée. — C'est, me répondit-il, une cité puissante ; mais pour vous dire depuis combien de temps elle existe, cela m'est absolument impossible, et à ce sujet nos ancêtres étaient tout aussi ignorants que nous. Cinq siècles plus tard, je repassai par le même lieu ; n'y apercevant aucun vestige de la ville, je voulus savoir d'un paysan, qui cueillait des herbes sur son ancien emplacement, combien de temps s'était écoulé depuis sa destruction. — Sur ma foi, dit-il, vous me faites là une étrange question. Ce terrain n'a jamais été autre que ce qu'il est à présent. —Mais n'y eut-il pas anciennement ici une vaste cité ? lui demandai-je encore.

— Jamais, répliqua-t-il, autant du moins que nous en puissions juger par ce que nous avons vu ; je vous dirai même que jamais nos pères ne nous en ont parlé. Cinq cents autres années après, je revins encore aux mêmes lieux ; cette fois, *la mer en occupait la place.* Ayant aperçu des pêcheurs sur ses rivages, je leur demandai depuis quand la mer avait envahi ce terrain. — Un homme comme vous, dirent-ils, peut-il faire une semblable question? ce lieu a toujours été tel qu'il est aujourd'hui. Au bout de cinq cents nouvelles années, j'y retournai encore. La mer n'y étant plus, je voulus savoir depuis combien de temps elle s'était retirée. Un homme à qui je le demandai me répondit comme tous les précédents, c'est-à-dire que les choses avaient toujours été ainsi que je les voyais. Enfin, après un laps de temps égal aux précédents, j'y retournai pour la dernière fois, et je trouvai, en place d'un lieu désert, une cité florissante, plus peuplée et plus riche en monuments somptueux que la première que j'avais vue. Voulant alors connaître la durée de son existence, je m'adressai aux habitants, qui me dirent : L'origine de cette ville se perd dans la nuit des temps ; nous ignorons depuis quand elle existe, et nos pères, à ce sujet, n'en savaient pas plus que nous. »

Ainsi s'exprime Khidhr, personnage allégorique que fait parler un auteur arabe bien ancien, Mohammed Kazwîni, qui vivait vers la fin du treizième siècle : cette belle narration exprime d'une manière élégante et originale les changements de position réciproque qu'ont éprouvés les continents et l'Océan[1].

Dès la plus haute antiquité, les philosophes ont reconnu que des modifications profondes avaient dû transformer la surface du globe : et les plus anciennes doctrines de l'Égypte ou de l'Inde les ont toujours attribuées à des déluges ; mais alors les croyances de ce genre s'appuyaient toujours sur des

---

[1] Le récit que nous reproduisons ici est tiré d'un manuscrit très-précieux que possède la Bibliothèque nationale de Paris ; traduit par MM. Chézy et de Sacy, il a été signalé à l'attention des géologues par M. Élie Beaumont, en 1832, et sir Ch. de Lyell le reproduit dans ses *Principes de géologie.*

idées superstitieuses, et les dieux intervenaient sans cesse dans ces grands cataclysmes. Il n'y a pas longtemps que ces théories confuses ont pris la forme d'une réalité, et c'est du siècle dernier seulement que date la naissance de la géologie.

En consultant les archives du monde primitif, déposées dans une partie quelconque du globe terrestre, on reconnaît qu'un grand nombre de terrains ont été formés au fond d'un océan ; les coquilles marines qu'on y trouve l'attestent d'une manière irrécusable. Tout le monde a constaté que la pierre à bâtir est partout incrustée de coquillages visibles à l'œil nu ; et, quand on examine un morceau de craie à la loupe, on est frappé à la vue des débris de coquilles de toute nature qui le constituent. Ces terrains calcaires qui s'étendent à la surface de nos continents sont des dépôts aqueux ; la mer s'étendait autrefois à leur surface, et les dépôts auxquels elle donnait naissance, s'accroissant à travers les siècles, ont façonné des couches d'une épaisseur considérable, toutes remplies des débris d'animaux qui vivaient à ces époques reculées.

En creusant le terrain de Paris, on traverse des couches successives qui nous parlent un langage différent ; les vestiges qui s'y rencontrent peuvent être regardés comme des hiéroglyphes que la nature a gravés sur les feuillets superposés de l'épiderme terrestre. En examinant ces gisements, on est arrivé à connaître les dépôts qui recouvrent les terrains primitifs, à pénétrer les mystères qui ont présidé à leur formation. C'est ainsi que la géologie a pu remonter le passé et dévoiler l'histoire de la formation du terrain de Paris. En creusant les buttes Montmartre, voici l'ordre des dépôts qui s'offrent à l'observateur, à partir du terrain primitif : 1º une couche d'animaux marins indiquant que cette couche a constitué le fond d'un océan ; 2º une couche de terrains où se rencontrent des dépôts d'animaux terrestres qui nous enseignent que la mer s'est retirée de la place qu'elle occupait auparavant ; 3º une seconde couche de coquillages et d'animaux marins nous apprenant que les eaux ont repris leur ancien domaine, sans doute sous l'influence des affaissements du sol ; 4° une deuxième couche de débris d'êtres, vivant à l'air libre, et dont quelques espèces sont presque identiques à nos espèces modernes ; 5° un gisement nous prouvant par de nouveaux dépôts maritimes un nouvel envahissement océanique ; 6° enfin retour du sol à la lumière et commencement de l'époque moderne, prouvée par les débris de nos animaux et de l'industrie humaine.

En interrogeant sur toute la terre les débris de mondes anéantis, en suivant dans les différentes contrées les couches de même nature et de même date, on a pu reconstituer la carte de l'Europe telle qu'elle existait avant la naissance de l'humanité : la place occupée par notre brillante capitale était engloutie sous les eaux, et la forme de ces anciens continents ne ressemblait en rien à celle de nos contrées actuelles.

On arrivera probablement à déchiffrer les énigmes que nous cachent les mystères du passé ; et d'autre part l'histoire des anciennes révolutions du globe, l'étude du passé peuvent jusqu'à un certain point nous permettre aussi d'entrevoir l'avenir. Cependant il faut se hâter de dire que mille causes non soupçonnées pourront détruire les plus belles hypothèses, et nous nous contenterons d'effleurer une question qui, jusqu'à présent, touche plus ou moins au domaine de l'imagination.

Il est certain que tout est appelé à changer ici-bas, la surface du globe passe la filière d'une éternelle métamorphose, et les mers d'aujourd'hui seront les continents de l'avenir.

Mais des changements plus profonds sont peut-être encore réservés à notre planète. Il se peut que les glaces amoncelées au pôle nord amènent, comme le veut Agassiz, un mouvement subit dans l'axe de la terre, qui, par suite du changement de position de son centre de gravité, serait soumise à une terrible secousse, causant la mort de tout être animé, en déplaçant brusquement les océans ; le changement serait immédiat, au lieu de se réaliser avec une extrême lenteur.

Il se peut que la terre, se refroidissant toujours par son rayonnement à travers l'espace, voie son épiderme, qui n'est en définitive qu'une croûte figée par l'action du froid, augmenter d'épaisseur, et qu'un jour vienne où l'abaissement de température soit tel, que l'eau n'existe plus sur notre sphère qu'à l'état de glace.

Ajoutons toutefois que, si ces prévisions se réalisaient jamais, ce ne serait que dans une suite de siècles considérable ; car la géologie nous apprend quelle est l'immensité des temps, comme l'astronomie nous montre quelle est l'immensité des distances ; l'humanité aurait eu le temps de disparaître de la scène du monde et peut-être de céder la place à d'autres êtres d'une essence plus épurée.

Mais, dira-t-on, sans s'éloigner autant de l'époque actuelle, n'est-il pas possible de savoir si les déluges, qui ne sont pas bien loin de nous, ne peuvent pas se reproduire de nos jours ; la science ne peut-elle pas nous rassurer à ce sujet, ou devons-nous, au contraire, vivre dans une inquiétude constante, en pensant aux envahissements océaniques qu'un tremblement de terre produirait? Il faudrait d'abord savoir si les révolutions du globe ont été instantanées ou lentes, et c'est là une grave question, objet de la discussion des savants les plus compétents. Toutefois il est probable que les deux hypothèses sont vraies : de nos jours, les rivages de certains continents s'élèvent lentement et progressivement; avec les siècles, ce mouvement insensible, se continuant sans cesse, devra être la cause de modifications capitales. D'autre part, le soulèvement des montagnes, les tremblements de terre ont dû amener des changements brusques et terribles. Quand la chaîne des Cordillères a formé à la surface du globe une immense boursouflure, l'écorce terrestre a dû être violemment ébranlée, la mer rejetée en dehors de son lit a dû produire d'effroyables inondations, d'épouvantables déluges.

Ces phénomènes violents se reproduiront-ils encore? Non, très-probablement ; car l'épiderme terrestre, augmentant d'épaisseur à mesure que le globe se refroidit à travers l'espace, oppose aux feux souterrains un obstacle de plus en plus résistant. Mais il est certain que notre planète est destinée à perdre ses océans, son atmosphère, et à passer ainsi à l'état de lune; car les eaux seront absorbées à mesure que se formeront de nouvelles roches par la consolidation de la masse en fusion du globe. L'écorce solide de notre planète est une masse poreuse à travers laquelle l'eau, s'insinuant par mille ouvertures, chemine lentement, mais sûrement, vers le centre de la terre; elle disparaît à mesure que diminue le vaste domaine du feu. Nous avons vu que les fleuves et les lacs avaient diminué de volume depuis les âges géologiques; il est probable, d'après les calculs de quelques savants, que les mers disparaîtront quand la pellicule solide de la terre aura atteint une épaisseur de 150 kilomètres. Alors la terre desséchée verra la vie disparaître à sa surface, l'air n'opposera plus d'obstacle au passage des rayons solaires, des nuits glaciales succéderont à des journées brûlantes; mais notre planète n'en continuera pas moins sa course autour du soleil, comme un cadavre remorquant à sa suite un autre cadavre. Plus tard, le refroidissement atteindra le Soleil lui-même, qui finira par s'éteindre à son tour, et le froid, l'obscurité régneront alors au milieu de tous les morts de notre système. Que deviendront tous ces débris? Ici, forcément, la science doit se taire. Quoi qu'on fasse, on aperçoit toujours, dans l'avenir comme dans le passé, un mystérieux horizon qui s'éloigne à mesure que l'on avance et qui arrête impitoyablement nos regards.

> Non, si puissant qu'on soit, non, qu'on rie ou qu'on pleure,
> Nul ne te fait parler, nul ne peut avant l'heure
> Ouvrir ta froide main,
> O fantôme muet, ô notre ombre, ô notre hôte,
> Spectre toujours masqué qui nous suit côte à côte,
> Et qu'on nomme demain[1]!

[1] Victor Hugo.

IV

LA COMPOSITION DE L'EAU

ET

SES PROPRIÉTÉS PHYSIQUES ET CHIMIQUES

> Il n'est désir plus naturel que le désir de
> coguoissance. Nous essayons tous les moyens
> qui nous y peuvent mener. Quand la raison
> nous fault, nous y employons l'expérience.
>
> MONTAIGNE.

CHAPITRE PREMIER

QU'EST-CE QUE L'EAU?

On va voir que l'eau n'est plus un élément pour nous.

LAVOISIER.

LE LABORATOIRE

Après avoir examiné le rôle de l'eau dans la nature, la mission qu'elle est appelée à remplir sur le globe terrestre, poursuivons nos investigations les plus minutieuses, ayons recours aux appareils que la science met en jeu pour étudier les substances qui se présentent à nous sur la terre.

Pénétrons dans le laboratoire où nous allons procéder à nos travaux de recherches. Je dois toutefois vous prévenir, avant d'en ouvrir la porte, que vous n'y verrez pas les engins bizarres que vous vous attendez peut-être à y rencontrer et que les alchimistes se plaisaient à étaler aux yeux des visiteurs ; le crocodile a cessé de bâiller au plafond, le soufflet poussif n'enfonce plus sa buse dans un fourneau massif, et ne fait plus entendre ses grincements ; le maître a perdu sa longue robe, il a cessé d'être plongé dans le dédale des bouquins poudreux qui s'élevaient en piles désordonnées au milieu du sanctuaire. Au lieu de chercher dans l'inextricable

12

fatras des vieux livres la vérité qui s'y trouve rarement, il s'efforce à prendre la nature sur le fait, à l'interroger par l'expérience; et, en procédant à une série d'études métho- diques, il parvient plus sûrement à puiser dans l'observation la vérité qui doit s'y rencontrer toujours.

Nous trouverons dans notre laboratoire des verres tout prêts à recevoir les liquides que nous voudrons y verser, des fioles, des cornues, des ballons, destinés à subir l'action du feu. En un mot, les vases de toute sorte se prêteront à nos besoins d'étude. Des fourneaux à gaz s'allumeront au contact d'une allumette, en nous prodiguant à la minute une forte température sans le secours du soufflet traditionnel. Des piles nous fourniront un courant électrique puissant, ou un rayon lumineux intense; une machine pneumatique fera le vide quand nous l'exigerons, une balance de précision nous aidera dans nos analyses, un baromètre nous indiquera la pression atmosphérique, un thermomètre et d'autres instruments nous fourniront au besoin leur concours.

Peut-être allez-vous regretter le vieil alchimiste et ses appareils bizarres, et la poussière qui saupoudrait le tout. Si vous êtes artiste, vous allez sans doute déplorer l'absence du crocodile bourré de foin, et vous vous récrierez en ne voyant nulle part un serpent confit dans l'esprit-de-vin, en n'apercevant plus de pélican empaillé, plus de squelette, plus de toiles d'araignées, — plus de couleur locale en un mot.

Notre laboratoire a déchiré son enveloppe mystérieuse; mais, au lieu de parler en termes confus à votre imagination, il parlera en termes précis à votre raison. La science ne vous y apparaîtra plus sous un voile épais, sous un brouillard confus; elle s'est dépouillée des lambeaux qui la défiguraient.

Ce demi-jour, cette obscurité mystérieuse qui règne dans le sanctuaire de l'alchimiste, c'est la superstition qui étale sur toute chose son manteau, c'est le faux qui plane au-dessus du vrai. Ces ornements bizarres sont l'image du merveilleux, qui s'attache aux premiers pas de la science naissante et arrête ses développements. Ce vieux maître, qui déchiffre depuis soixante ans le même grimoire poudreux, c'est la science faisant fausse route, c'est l'homme demandant la vérité à d'autres hommes qui l'ignorent comme lui, au lieu de la demander à la nature qui la tient cachée au vulgaire, mais la dévoile au chercheur patient.

Notre laboratoire, propre, éclairé, ordonné, c'est la science moderne, simple, précise, vraie, dépouillée de son fatras inintelligible, de son masque rébarbatif, offrant à tous les secrets qu'elle réservait à ses rares initiés. — Elle n'est plus amoureuse des termes abstraits, des phrases sonores et creuses, des formules hérissées d'aspérités ; elle a mis en lambeaux ce déguisement. Elle s'adresse à tout le monde et veut être comprise de tous.

Mais commençons nos recherches, essayons de décomposer l'eau, c'est-à-dire de la soumettre à l'analyse.

ANALYSE ET SYNTHÈSE

Voici un vase de verre, un voltamètre (*fig.* 57), que nous remplissons d'eau légèrement aiguisée d'acide sulfurique ; à l'aide d'une pile, nous y faisons passer un courant électrique conduit par deux tiges de platine qui traversent le fond de mastic dont est garni notre appareil ; l'eau se décompose et les fils se recouvrent immédiatement de petites bulles gazeuses qui se dégagent. Comment recueillir et examiner ces gaz ? Rien n'est plus simple. Nous retournons dans la cuvette, au-dessus des fils de platine, deux petites cloches ou *éprouvettes* qui s'emplissent bientôt de gaz ; on remarque que le volume du gaz qui s'échappe du fil correspondant au pôle négatif de la pile est deux fois plus considérable que celui de l'autre gaz issu du pôle positif. Retirons du voltamètre la première cloche, approchons de son orifice une allumette en ignition, le gaz qu'elle renferme s'enflamme aussitôt ; il brûle en produisant une petite détonation.

Plongeons dans la deuxième éprouvette une allumette
presque éteinte, qui ne présente plus qu'un seul point incan-

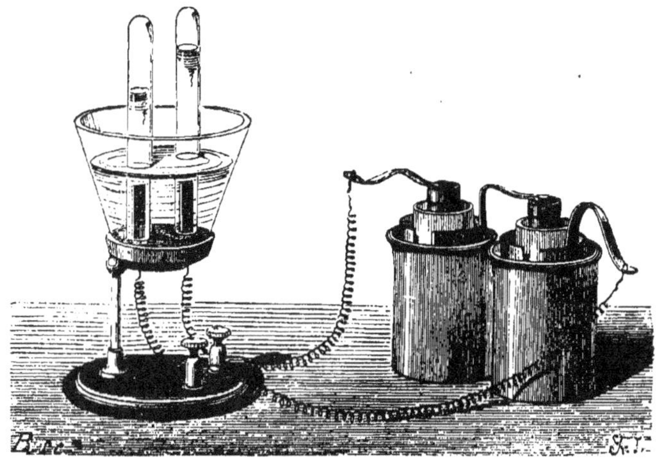

Fig. 57. — Analyse de l'eau par la pile.

descent, elle se rallume immédiatement et brûle avec un vif
éclat : le gaz contenu n'est pas inflammable, mais il entretient la combustion.

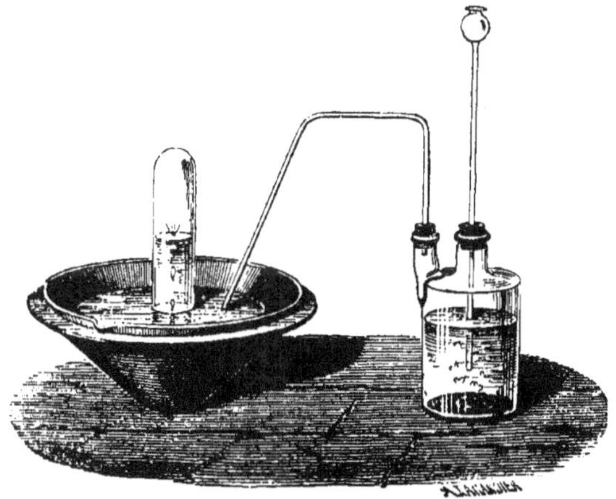

Fig. 58. — Décomposition de l'eau par le zinc et l'acide sulfurique.

Dans cette expérience, nous avons décomposé l'eau, et

nous en avons extrait deux gaz distincts : l'un d'eux brûle avec une flamme peu éclairante, c'est le gaz *hydrogène;* l'autre ne s'enflamme pas, mais il excite la combustion, c'est le gaz *oxygène.* On peut encore décomposer l'eau au moyen d'un grand nombre d'autres expériences. Versons dans un flacon à deux tubulures, contenant du zinc, de l'eau addi-

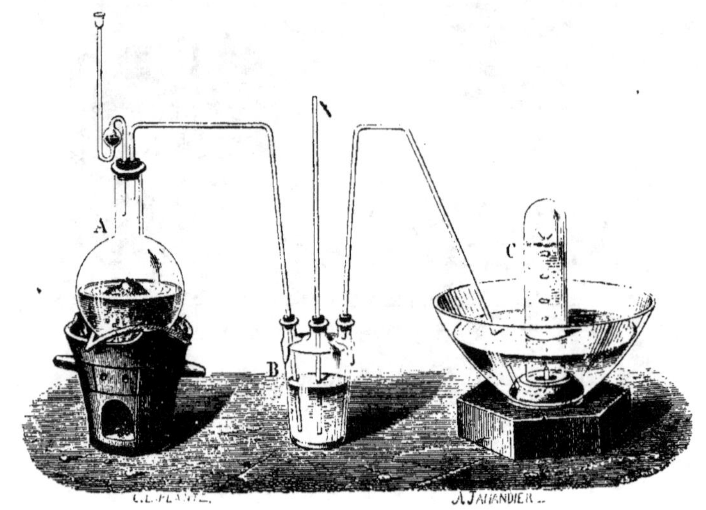

Fig. 59. — Préparation de l'oxygène.

tionnée d'acide sulfurique; le métal, sous l'influence de l'acide, s'emparera d'un des éléments, l'oxygène, et l'hydrogène mis en liberté pourra se recueillir dans une éprouvette (*fig.* 38). On peut préparer l'autre élément de l'eau, l'oxygène, en chauffant dans une cornue du chlorate de potasse additionné de bioxyde de manganèse (*fig.* 59); on obtient ainsi très-facilement l'oxygène et on peut étudier ses propriétés. Ce gaz, comme nous l'avons vu, entretient la combustion; le soufre, le phosphore y brûlent avec beaucoup plus d'énergie que dans l'air; et, si l'on y plonge une spirale d'acier à laquelle on a suspendu un morceau d'amadou qu'on enflamme, on voit le métal brûler avec une grande vivacité :

mille étincelles brûlantes s'échappent de l'acier devenu incandescent (*fig.* 40).

D'autres métaux, tels que le fer, décomposent l'eau par
leur seul contact; mais il est nécessaire de les chauffer et de
les porter au rouge. Nous faisons passer de la vapeur d'eau
dans une tube rempli de fils de fer fortement chauffés au-

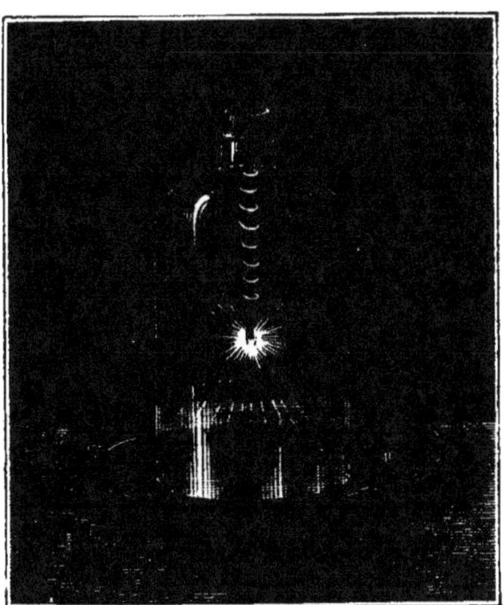

Fig. 40. — Combustion du fer dans l'oxygène.

dessus de becs de gaz (*fig.* 41); l'eau se décompose au contact du métal incandescent, l'oxygène est fixé à l'état d'oxyde
de fer, l'hydrogène se dégage et se rend, par un tube abduc-
teur, dans une éprouvette placée dans une cuvette remplie
d'eau. Cette décomposition peut se représenter par la réaction
suivante :

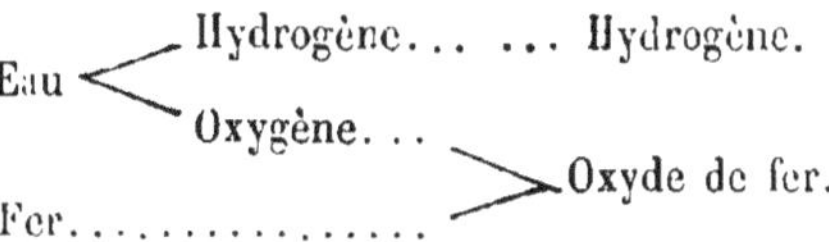

Le chlore, gaz jaune verdâtre, décompose encore l'eau
sous l'action d'une température élevée; mais il se combine à

l'hydrogène et met l'oxygène en liberté. La décomposition s'effectue dans un tube de porcelaine rempli de pierre-ponce portée au rouge dans un fourneau (*fig.* 42). Le chlore se produit dans un ballon de verre renfermant du peroxyde de manganèse et de l'acide chlorhydrique; il traverse une cornue de verre contenant de l'eau qu'on porte à la température de

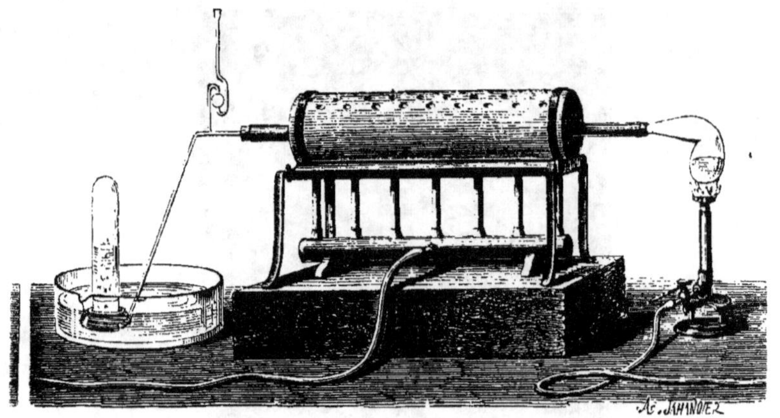

Fig. 41. — Décomposition de l'eau par le fer.

l'ébullition. Chlore et vapeur d'eau passent à travers une colonne de pierre-ponce chauffée au rouge; l'hydrogène de l'eau se combine au chlore, et donne de l'acide chlorhydrique, qui arrive avec l'oxygène isolé dans une terrine pleine d'eau où plonge une éprouvette. L'acide chlorhydrique se dissout dans l'eau; l'oxygène, à peine soluble, remplit l'éprouvette [1].

Ainsi nous avons, dans ces expériences, détruit, analysé l'eau, qui n'est pas un corps simple ou un élément, comme le croyaient les anciens, puisqu'elle est formée de deux éléments distincts. Jusqu'ici nous nous sommes contentés de détruire; on pourrait avec raison nous comparer à des enfants

[1] Le lecteur qui voudra se procurer de plus amples renseignements sur ces phénomènes de réactions chimiques pourra consulter l'ouvrage que nous avons publié en collaboration avec M. P.-P. Dehérain : *Éléments de chimie,* 4 vol. in-18. — L. Hachette.

qui ont cassé un jouet pour voir ce qu'il y avait dedans; mais les débris pourront-ils se rétablir entre nos mains? saurons-nous *faire de l'eau artificielle* avec de l'hydrogène et de l'oxygène? Rien n'est plus simple.

Voici un appareil qui va nous permettre de résoudre le problème : Un flacon à deux tubulures renferme le mélange qui produit l'hydrogène; le gaz se dessèche en passant dans une éprouvette à pied à travers des fragments de chlorure de calcium ; il se dégage à l'extrémité d'un tube courbé où on l'enflamme (*fig.* 43). Nous plaçons une cloche de verre au-dessous de la flamme; voilà la cloche qui se couvre d'un nuage de vapeur; quelques gouttes ruissellent le long de ses parois, et tombent dans un vase inférieur. Ce liquide n'est autre que de l'eau ainsi fabriquée artificiellement. Le gaz hydrogène, en brûlant à l'air, s'est uni avec l'oxygène atmosphérique pour former de l'eau[1].

Nous avons fait ici la *synthèse* de l'eau.

Est-il rien de plus simple que ces expériences où la nature de l'eau apparaît nettement et en toute certitude? Cependant il a fallu des siècles pour en arriver là, et la doctrine des quatre éléments a traversé toute une suite de siècles pour n'être anéantie que vers la fin du siècle dernier, sous la puissante impulsion de Lavoisier. C'est qu'autrefois la méthode expérimentale n'était pas fondée; c'est que les Descartes et les Bacon n'avaient pas encore ouvert à l'esprit de nouvelles et fécondes voies; il fallait s'astreindre à penser comme avait pensé le maître, et l'expérience la plus

---

[1] Si quelque lecteur voulait faire lui-même cette expérience très-simple, nous ne saurions trop lui recommander une extrême prudence dans la préparation de l'hydrogène. Si l'on allumait le gaz au début de la réaction, on produirait une violente détonation et l'appareil de verre volerait en éclats. Il faut avoir soin de n'approcher une allumette du tube à dégagement que lorsque la réaction a eu lieu pendant dix minutes environ ; l'hydrogène dégagé a eu le temps de chasser l'air contenu dans les vases de verres ; il est pur. S'il est mélangé d'air, il détone et peut causer de graves accidents.

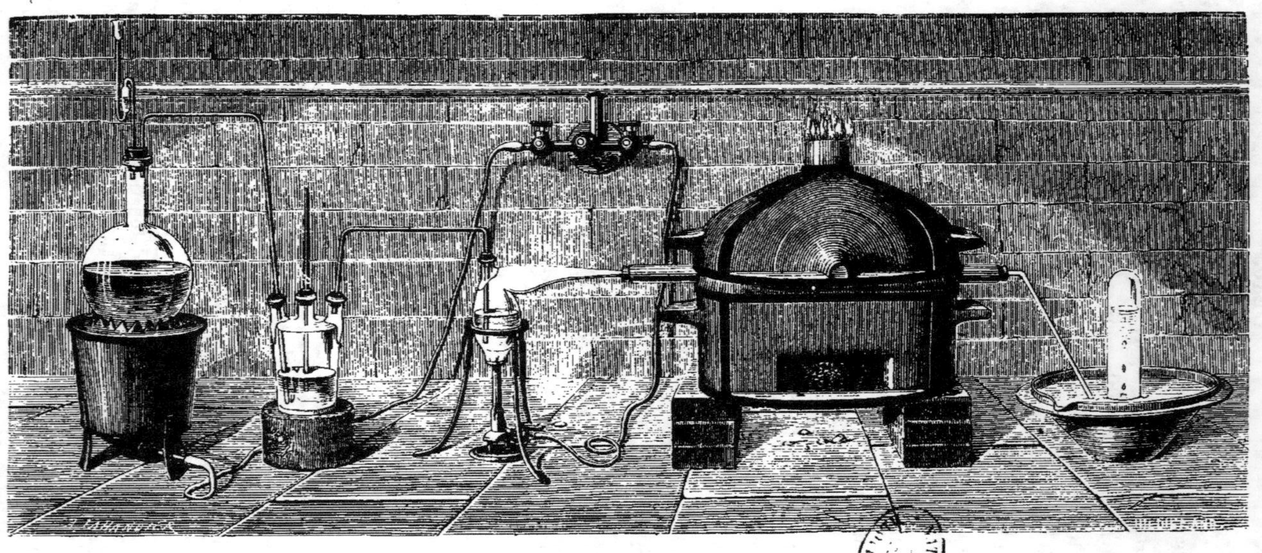

Fig. 42. — Décomposition de l'eau par le chlore.

concluante n'était pas toujours capable de persuader les esprits. La croyance d'Aristote, relative aux quatre éléments,
était, pour les anciens, analogue à un axiome mathématique
qu'admet forcément la raison : l'opinion de l'illustre précepteur d'Alexandre ne devait être soumise à aucune discus-

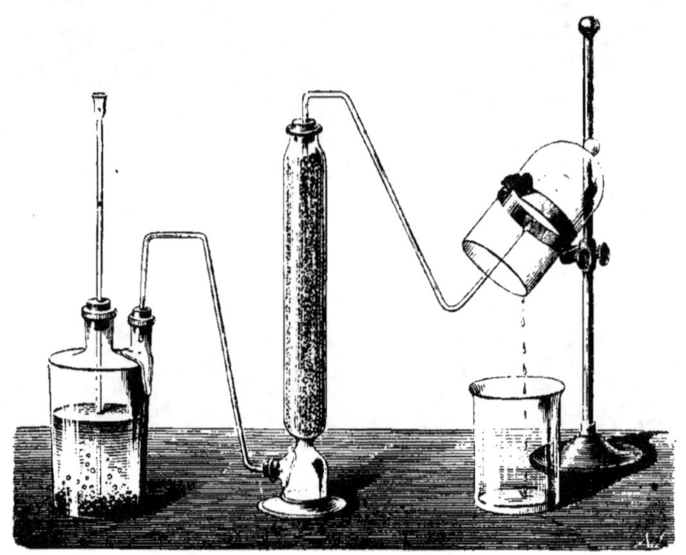

Fig. 43. — Synthèse de l'eau par la combustion de l'hydrogène.

sion, et nous la voyons se perpétuer à travers les siècles,
sans aucun examen, en arrêtant les progrès de la science,
les élans des vrais expérimentateurs, astreints à suivre la
fausse route qui leur était tracée. Il est inutile d'insister
longtemps sur les inconvénients que doit offrir une semblable méthode dans l'étude de la nature. Ici rien n'est spé-
culatif, il n'y a de vrai que ce qui est démontré, et l'expérience doit toujours confirmer la théorie.

L'homme, devant l'univers qu'il a mission d'étudier, est
en présence d'une admirable horloge dont il veut dévoiler le
mécanisme. Il peut faire une suite de suppositions sur le

moteur qui met en marche le pendule et qui fait agir les
aiguilles, entasser hypothèse sur hypothèse, théorie sur
théorie, sans jamais toucher du doigt la vérité; en admet-
tant même que, par une intuition merveilleuse, il arrive à
comprendre le mécanisme, à deviner le ressort caché, ses
assertions seront toujours suivies d'un doute ineffaçable,
parce qu'aucune preuve certaine, aucune observation précise, aucune démonstration positive ne seront venues leur
donner le caractère de certitude qui produit l'évidence.

Mais s'il examine attentivement cette horloge, s'il démonte
avec soin la première pièce qui s'offre à sa vue, s'il sépare
chaque engrenage, en étudiant le rôle qui lui est confié, il
ne tardera pas à trouver le ressort d'acier qui met en jeu tout
le mécanisme; et, s'il est assez habile pour remettre chaque
objet à sa place, pour imprimer le mouvement au ressort, il
verra le pendule, arrêté momentanément, reprendre sa marche régulière; il verra les roues d'engrenages faire agir les
roues voisines, il verra les aiguilles parcourir les divisions
du cadran. Alors il pourra comprendre tout le mécanisme
dont il vient de désunir les différentes parties, et qu'il a su
rétablir avec ses débris; il se dira, cette fois, en toute certitude : « Ce n'est pas un génie caché qui anime cette matière inerte, ce n'est pas un fluide inconnu, une force mystérieuse qui donne la vie à cet appareil ; c'est un ressort tendu
qui communique son mouvement à une série de pièces admirablement ordonnées, à une suite de rouages qui se succèdent, et font enfin parcourir aux aiguilles les soixante divisions du cadran. »

Le chimiste, en étudiant les corps de la nature, procède de
même manière. Quand il étudie une substance, il en sépare
les éléments, il en démonte les différentes pièces, il en fait
l'*analyse;* il s'attache ensuite à remettre en place les pièces
ainsi séparées, à unir les éléments isolés entre ses mains, à
reconstituer le mécanisme sur ses débris, à en opérer la
synthèse.

La chimie, en disséquant ainsi les corps qui se présentent à elle, a pour but de dévoiler leur constitution, de pénétrer les mystères que cache la matière inerte ou organisée, et de sonder leur nature intime. Elle commence par détruire pour reconstituer après coup; elle sépare les éléments pour les marier ensuite; elle détruit, elle crée.

A la vue de cette infinité d'êtres animés et de corps inertes qui recouvrent la surface du globe; à la vue des végétaux de toute espèce, des animaux les plus divers, des pierres de toute nature qui s'offrent à nos regards, on serait tenté de croire qu'une innombrable quantité d'éléments distincts composent cette série de corps si différents; mais il n'en est pas ainsi. Quand on analyse tous les corps de la nature, quand on passe au creuset de la science les arbres et les animaux, les pierres et les roches, l'eau et l'air, on arrive toujours à des éléments peu nombreux qui, unis deux à deux, trois à trois, quatre à quatre, forment l'infinité d'objets qui constituent le grand spectacle du monde. L'air est formé par l'union de deux gaz : l'azote et l'oxygène; l'eau renferme un des gaz de l'air, l'oxygène, uni à un autre gaz, l'hydrogène; les végétaux et les animaux sont encore formés d'hydrogène, d'oxygène et d'azote, unis à un troisième corps, le carbone. Ajoutez à ces éléments le soufre, le phosphore, le potassium, le sodium, l'aluminium, le calcium, le silicium, le fer et quelques autres, et vous aurez la liste des corps qui, par leur union, forment l'échelle des êtres, le tableau de tous les corps vivants ou inanimés.

Le blé et la ciguë, l'aliment et le poison, sont formés des mêmes éléments constitutifs ; les végétaux, les animaux renferment tous à peu près les mêmes substances fondamentales, et soixante-quatre corps environ donnent naissance à tout l'univers. Il est possible, sinon probable, que nos éléments actuels ne soient pas les éléments de la nature. Un jour viendra peut-être où la science dédoublera nos corps simples comme nous dédoublons aujourd'hui l'eau, cet élément des anciens, en oxygène et en hydrogène. La chimie de l'avenir proclamera peut-être comme une vérité évidente l'unité de la matière, qui, sous le jeu des forces physiques, se modifierait éternellement et se transformerait sans cesse. Quoi qu'il en soit, avec nos ressources actuelles, nous pouvons déjà nous étonner du spectacle des métamorphoses de la matière, et la nature nous apparaît, suivant l'expression d'un profond philosophe, comme un monstre qui se dévore lui-même; dans cette éternelle évolution des êtres, la matière se modifie, se transforme, se métamorphose, en tournant à jamais dans un cercle sublime.

Il n'y a pas lieu, du reste, de s'étonner de la diversité des êtres produits par un petit nombre d'éléments. Tout réside dans la disposition, dans l'arrangement des molécules; le diamant et le charbon, comme le rubis et la terre glaise, comme le spath d'Islande et la pierre à bâtir, ont la même composition chimique, et cependant ils présentent entre eux des différences d'aspect aussi grandes que celles qui existent entre un animal et une plante.

Les vingt-cinq lettres de l'alphabet ne donnent-elles pas naissance à une infinité de mots qui se prêtent à toutes les formes de la pensée? Les corps simples sont les lettres de l'alphabet de la nature : les êtres vivants, les corps inertes, peuvent être considérés comme les mots du grand livre de la Nature qui frappe notre esprit par un sublime langage, par un style grandiose.

Il en est encore de même des huit notes de la musique, qui se combinent entre elles pour produire les harmonies les plus variées, et des sept couleurs de l'arc-en-ciel, qui donnent naissance aux nuances les plus diverses.

COMPOSITION DE L'EAU

Nous savons que l'eau est formée d'hydrogène et d'oxygène, mais dans quelle proportion ces deux gaz sont-ils unis? C'est ce qu'il nous reste à rechercher. — Nous introduisons dans un eudiomètre, retourné sur la cuve à mercure (*fig.* 44), 2 volumes d'oxygène et 2 volumes d'hydrogène; au moyen d'un électrophore, nous faisons passer une étincelle électrique dans le mélange des deux gaz; ils s'unissent et forment de l'eau qui se condense et détermine dans l'appareil un vide que remplit le mercure; après l'expérience, il reste dans l'eu-

Fig. 44. — Eudiomètre à mercure.

diomètre 1 volume d'oxygène : on conclut que 2 volumes d'hydrogène se sont unis à 1 volume d'oxygène pour former de l'eau. D'après les densités des gaz, on arrive à démontrer que 2 volumes d'hydrogène et 1 volume d'oxygène se condensent pour former 2 volumes de vapeur d'eau.

On peut vérifier ce résultat par une expérience célèbre due à M. Dumas, au moyen d'un appareil représenté par la figure 45, et dont nous nous bornerons à décrire le principe : un courant d'hydrogène pur passe sur un poids connu d'oxyde

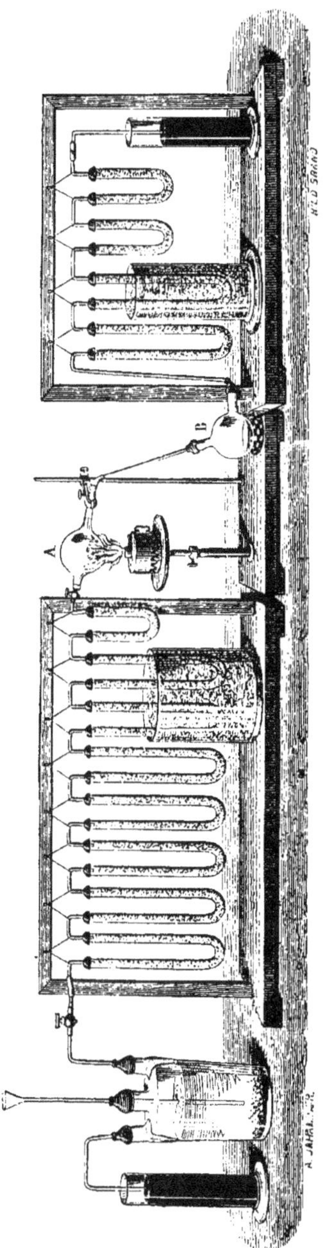

Fig. 45. — Appareil pour déterminer la composition de l'eau en poids.

de cuivre emprisonné dans un ballon A ; l'oxyde de cuivre est réduit, c'est-à-dire que son oxygène s'unit à l'hydrogène pour former de l'eau ; celle-ci se condense dans un ballon B. En pesant le cuivre réduit après l'expérience, on a le poids d'oxygène combiné à un poids d'eau qui est également pesé ; on a enfin, par différence, le poids d'hydrogène contenu dans l'eau. Des expériences minutieuses ont montré que 9 grammes d'eau étaient formés de 8 grammes d'oxygène uni à 1 gramme d'hydrogène.

Deux lignes suffisent pour énoncer la composition de l'eau, et cependant toute une série de siècles ont passé, toute une armée de travailleurs assidus se sont creusé l'esprit pour les écrire ; Cavendish, Lemery, Lavoisier, Volta, Humboldt, Gay-Lussac, Dumas, tels sont les hommes qu'il a fallu, pour dévoiler la nature de l'eau ! Que de labeur, que de déceptions, que d'incertitudes, dans ces deux lignes, mais aussi que de joie, que de triomphe ! quel bonheur ineffable qu'une conquête sur le monde matériel ! quelle victoire pour le chercheur qui, après mille travaux et mille veilles, soulève enfin le voile derrière lequel se cachait une vérité nouvelle !

Deux gaz : hydrogène, oxygène, est-ce bien là tout ce que contient l'eau? L'eau *chimiquement pure* ne renferme rien d'autre ; mais l'eau *pure* n'existe pas dans la nature ; les eaux des fleuves, des sources, dissolvent les sels, les roches qui se rencontrent sur leur passage ; elles dissolvent les gaz de l'air, l'oxygène, l'azote, l'acide carbonique ; elles renferment du sel ordinaire, du sulfate de chaux, du calcaire ; en un mot, elles contiennent tout ce qui est soluble sur la terre.

CHAPITRE II

ACTION DE LA CHALEUR

> L'eau s'échauffe difficilement ; elle a
> une grande capacité calorifique.

ÉBULLITION

La chaleur agit sur la plupart des corps et généralement
elle change leur état, c'est-à-dire qu'elle fond les solides et
volatilise les liquides. L'eau se présente à nous sous les trois
états : solide, liquide et gazeux ; la chaleur fond la glace et la
fait passer à l'état d'eau, elle volatilise l'eau et la fait passer
à l'état de vapeur.

Pour étudier l'action de la chaleur, nous chauffons de l'eau
dans un vase de verre (*fig.* 46), et nous y plongeons un thermomètre qui nous indique les températures ; le thermomètre
monte graduellement jusqu'au moment où le liquide entre
en ébullition. Il est alors à 100°, mais à ce moment il cesse
de monter. Cependant le feu fournit toujours la même quantité de chaleur ; que devient donc cette chaleur? Elle est
dissimulée, elle est absorbée par le liquide. La chaleur est
une force qui écarte les molécules de l'eau, les fait passer à
l'état gazeux, et pendant qu'elle accomplit ce travail, elle est
insensible au thermomètre. Tant que l'eau se volatilise ainsi,
elle ne s'échauffe pas.

L'eau ne bout pas à la température ordinaire quand elle est en contact avec l'air, parce que cet air, qui est un corps pesant, pèse sur tous les objets situés à la surface de la terre ; il pèse sur l'eau et comprime en quelque sorte les molécules

Fig. 46. — Ébullition de l'eau.

de ce liquide, de manière à les empêcher de se séparer, de passer de l'état liquide à l'état gazeux.

Voici un ballon plein d'eau ; nous y faisons le vide à l'aide d'un tube de caoutchouc qui est fixé au plateau de notre machine pneumatique (*fig.* 47) ; l'eau se met à bouillir, elle se métamorphose en vapeur, parce que l'air chassé n'oppose plus d'obstacle à cette transformation.

Quand le baromètre marque 76 centimètres de pression, l'eau bout à une température constante et il en est de même pour tous les liquides. Le point d'ébullition de l'eau, point fixe à la pression de 76 centimètres, a servi, comme on le sait, de terme de comparaison ; ce point est le 100e degré du thermomètre. Quand la pression varie, quand elle augmente ou diminue, le point d'ébullition augmente ou diminue dans le même rapport. Quand la pression augmente, l'eau n'entre en ébullition qu'à une température supérieure à 100°. Voici un

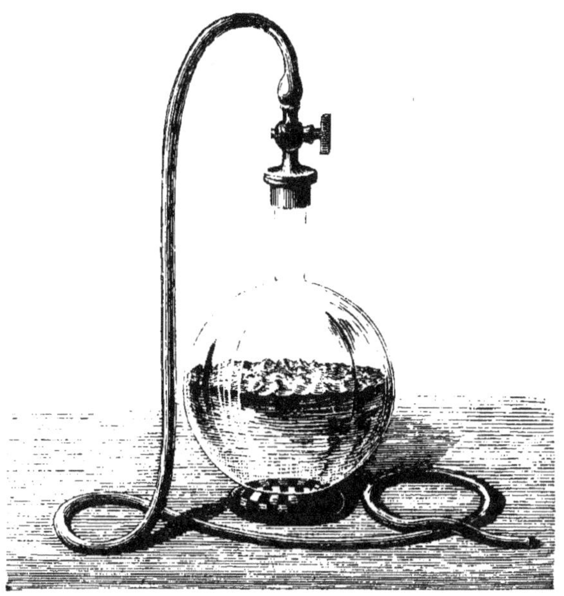

Fig. 47. — Ébullition de l'eau dans le vide.

appareil bien connu, imaginé par Denis Papin (*fig.* 48) ; c'est un vase en cuivre fermé, qu'on remplit à moitié d'eau, et on le chauffe ; la vapeur formée n'ayant pas d'issue comprime l'eau et l'empêche de bouillir à 100° : on peut ainsi avoir de l'eau encore liquide à une température de 200 à 300 degrés.

Quand on mélange 1 kilogramme de mercure à 100° et 1 kilogramme d'eau à 0°, le mélange se trouve à une température de 3° ; la quantité de chaleur qui maintenait le mercure à une température de 100° échauffe l'eau de 3° seulement ; ce liquide a donc une « grande capacité calorifique, » c'est-à-dire qu'il peut absorber, emmagasiner, faire provision d'une grande quantité de chaleur.

Voilà pourquoi les îles et les pays entourés d'eau ont un climat tempéré, une température à peu près constante ; en été, l'eau de la mer approvisionne la chaleur solaire, en ab-

Fig. 48. — Marmite de Papin.

sorbe une grande quantité, et adoucit ainsi le froid de l'hiver ; voilà pourquoi le Gulfstream, parti de son foyer brûlant, arrive encore chaud dans les glaces polaires.

Quand on refroidit de la vapeur d'eau, quand on lui enlève de la chaleur, on la fait retourner à l'état liquide. Nous faisons bouillir de l'eau dans une cornue munie d'une allonge en verre et d'un récipient (*fig.* 49). La vapeur se dégage : refroidie dans le récipient, elle se condense à l'état liquide, mais sous forme de gaz elle abandonne les substances qu'elle tenait en dissolution, et se recueille à l'état de pureté. Voilà pourquoi la vapeur qui s'échappe de l'Océan forme de l'eau pure dans le nuage.

L'opération que nous venons de faire est une distillation, et les chimistes emploient souvent l'appareil distillatoire

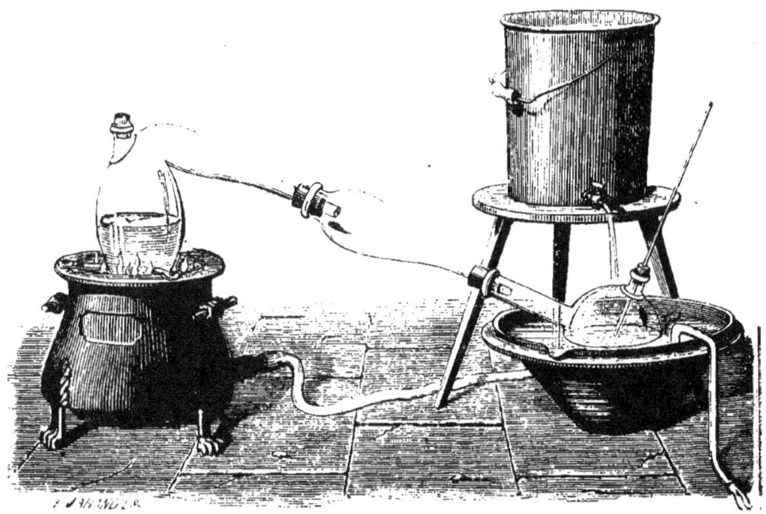

Fig. 49. — Appareil distillatoire en verre.

quand ils veulent obtenir de l'eau pure ; le fait de la distillation était connu depuis une haute antiquité, notamment d'Aristote : « L'eau de mer, dit ce grand philosophe, est rendue potable par l'ébullition, et tous les liquides, après avoir été transformés en vapeur, peuvent reprendre l'état liquide[1]. » Mais le précepteur d'Alexandre se borne à cette appréciation, sans songer à créer l'appareil distillatoire. Trois siècles après, Pline décrit une opération destinée à distiller de la résine ; il chauffe cette substance dans un pot à l'orifice duquel est un couvercle de laine, la vapeur se condense dans le bouchon poreux, et il suffit après l'expérience d'exprimer la laine imbibée d'huile.

[1] Aristote, *Météorologie*.

Aujourd'hui, quand on veut obtenir de grandes quantités
d'eau distillée, on emploie l'appareil ci-dessus (*fig.* 50). Une
chaudière en cuivre *a* contient le liquide à distiller; elle est
recouverte par le chapiteau *b*, pièce mobile qui complète

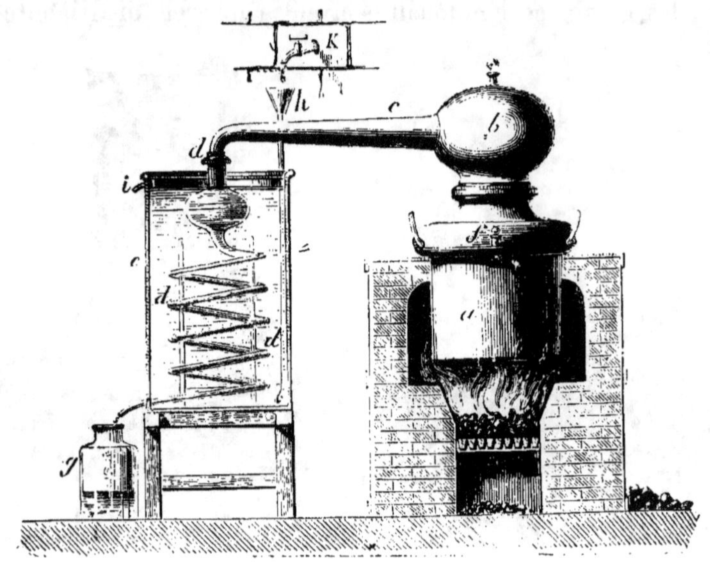

Fig. 50. — Alambic en cuivre.

une espèce de cornue. Le col *c* s'adapte à un tube recourbé appelé serpentin *dd*, et qui plonge dans un vase d'eau froide
e, dans un réfrigérant, destiné à condenser la vapeur. L'eau
froide arrive de *h* dans la partie inférieure, tandis que l'eau
chaude s'échappe par la partie supérieure en *i*, et peut être
employée à alimenter l'alambic.

Les premières parties de vapeur condensée doivent être
rejetées; elles contiennent les gaz contenus dans l'eau; celles
que l'on recueille ensuite sont pures. Cet appareil nous fait
voir que la vapeur d'eau, en se condensant, dégage de la chaleur. Voilà pourquoi le nuage, en se condensant pour former
la pluie, produit de la chaleur, et on peut dire ainsi qu'il
transporte les rayons solaires des tropiques aux pays froids.

CHAPITRE III

ACTION DU FROID

Nous prenons ici la nature sur le fait d'un
arrêt dans sa marche ordinaire, d'un renver-
sement de ses habitudes.

TYNDALL.

UNE EXCEPTION AUX LOIS DE LA NATURE

Quand on chauffe un corps quelconque, solide, liquide ou
gazeux, il augmente de volume, il se dilate; quand on le
refroidit, au contraire, il diminue de volume, il se contracte.

Refroidissons en même temps trois ballons A, B, C (*fig.* 51),
contenant, le premier du mercure, le second de l'eau, le
troisième de l'alcool, en les plongeant dans un même vase
rempli d'eau, où nous jetons des fragments de glace. Commençons à noter les températures au moyen d'un thermomètre, à partir de 15° : les trois liquides se refroidissent, leur
niveau s'abaisse sensiblement et le phénomène se continue
dans le même sens jusqu'à 4°; mais à cette température
de 4°, l'eau cesse de se comporter comme les deux autres
liquides; tandis que ceux-ci se contractent toujours, elle se
dilate, au contraire, et son niveau s'élève dans le tube.

A la température de 4°, l'eau cesse donc de se contracter;
à 4°, elle est arrivée à son point de minimum de volume ou

de *maximum de densité*; ses molécules se sont rapprochées, elle est devenue plus lourde. Au-dessous de 4°, elle se dilate jusqu'au moment où elle se congèle et prend l'état solide.

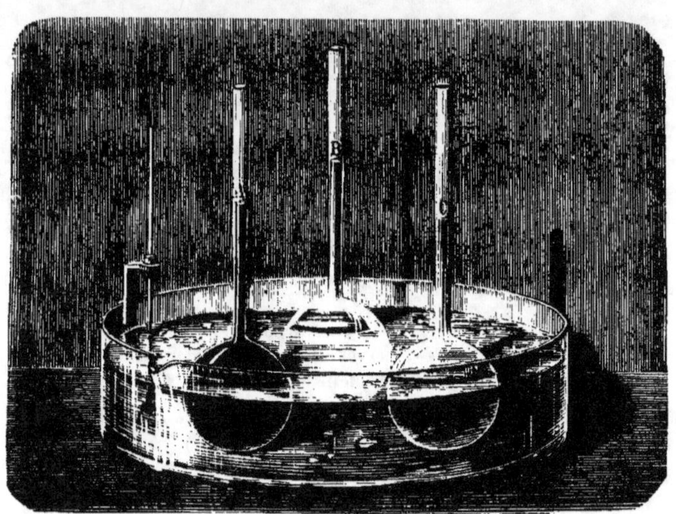

Fig. 51. — Expérience du maximum de densité de l'eau.

Alors, quand elle se convertit en glace, sa dilatation est immédiate et considérable.

Ce fait, au premier abord, paraît être une anomalie singulière qui ne semble pas offrir un bien vif intérêt; mais nous allons voir, au contraire, que cette propriété est d'une importance exceptionnelle dans l'économie de la nature.

Examinons, par exemple, ce qui se passe dans un lac exposé aux froids de l'hiver; la surface de l'eau se refroidit et se contracte jusqu'à 4°. A ce moment, elle devient plus lourde, elle tombe par l'excès de son poids, et elle est remplacée par les couches inférieures plus légères. Ces nouvelles couches liquides, en contact avec l'atmosphère glacée, atteignent bientôt la température de 4°; elles tombent à leur tour, et ainsi de suite, jusqu'au moment où l'eau du lac tout entière sera arrivée à la même température de 4°.

Les couches supérieures continuent à subir l'action du froid; mais au-dessous de 4°, elles augmentent de volume, deviennent plus légères et demeurent à la surface du lac. A 0°, elles se congèlent, et la glace couvre la masse d'eau; la température de celle-ci (4°) est suffisamment élevée pour permettre aux êtres vivants qu'elle renferme d'y continuer leur existence. S'il en était autrement, si l'eau, comme tous les autres corps, diminuait de volume jusqu'à 0°, la glace, plus lourde, tomberait au fond des grands réservoir d'eau que nous offre la nature; elle y formerait une couche solide dont l'épaisseur augmenterait sans cesse pendant les froids de l'hiver. Il arriverait un moment où toutes les masses d'eau de la nature seraient congelées, et cette solidification absolue aurait pour conséquence immédiate de faire périr tous les êtres vivants qui y trouvent les éléments de leur existence.

Les fleuves, les cours d'eau, nous offriraient, pendant les hivers rigoureux, l'aspect d'énormes veines compactes glacées, en causant ainsi, par cette solidification complète, les plus déplorables ravages. Mais pendant l'hiver, quand le péril est imminent, la nature oblige l'eau à se dilater par le refroidissement, la glace étend bientôt sur les fleuves une couche bienfaisante; elle flotte comme un vaste radeau, protége les êtres vivants qu'elle couvre, les garantit d'un danger menaçant, les abrite sous un manteau protecteur.

La dilatation de l'eau par la congélation produit une force irrésistible, capable de briser les substances les plus solides, telles que les pierres ; d'où le dicton : *geler à pierre fendre*[1]. Prenons un tube de fer forgé, épais de 1 centimètre.

---

[1] On comprend pourquoi les constructeurs doivent se préoccuper des matériaux qu'ils emploient. Ils appellent *gélives* les pierres qui se brisent par l'action des gelées. Ils s'assurent généralement de la qualité des pierres qu'ils emploient, en les plongeant dans une dissolution concentrée de sulfate de soude. La pierre est retirée du liquide dont elle est imbibée; si elle est de mauvaise qualité, elle se fendille par l'effet de la dilatation du liquide qui cristallise.

Nous le remplissons d'eau et nous le bouchons hermétiquement au moyen d'une vis solidement fixée. Le tout est placé dans un mélange réfrigérant formé de glace pilée et de sel de cuisine. L'eau ainsi emprisonnée se refroidit et se contracte. La voici arrivée à la température de 4° : la contraction cesse. La voici à 3°, à 2°, à 1°, à 0°; elle augmente de volume. Elle passe lentement de l'état liquide à l'état solide. Pour opérer ce changement moléculaire, elle a besoin d'un espace plus grand que celui de son étroite prison, et le tube en fer le lui refuse. N'allez pas croire qu'elle cédera aux parois métalliques qui la compriment. Elle est à 0°; elle doit se congeler. Elle va briser les murs de fer; les atomes liquides vont acquérir une force gigantesque; rien ne pourra résister à la force moléculaire. Le tube vole en éclat sous le jeu des cristaux de glace. Augmentez la résistance, enfermez de l'eau dans un canon de fonte, dans un obus, l'action sera toujours la même. La rigidité du métal sera vaincue dans cette lutte contre la force atomique qui a été évaluée à 1,000 atmosphères.

Voilà pourquoi, pendant l'hiver, les conduites d'eau se brisent dans les gelées. La glace crève les tuyaux qui conduisent l'eau dans nos demeures, et, quand survient le dégel, l'eau coule à travers les fentes ouvertes par les cristaux de glace. Voilà pourquoi les fleurs et les végétaux ne peuvent résister à l'action des gelées. La séve qui sillonne leurs tiges ne tarde pas à se solidifier. Elle augmente de volume et brise bien facilement l'enveloppe végétale, en frappant ainsi de mort la plante qu'elle faisait vivre en d'autres temps.

CHAPITRE IV

EAU SOLIDE

> Ce bloc de glace ne semble pas présenter
> plus d'intérêt qu'un bloc de verre; mais pour
> l'esprit éclairé du savant, la glace est au
> verre ce qu'un oratorio de Haendel est aux
> cris du marché et de la rue. La glace est une
> musique, le verre est un bruit, la glace est
> l'ordre, le verre est la confusion... Dans la
> glace, les forces moléculaires ont su tisser
> une broderie régulière.
>
> TYNDALL.

L'ARCHITECTURE DES ATOMES

Il est des ornements grossiers qui, vus de loin, séduisent
au premier abord, mais qui ne souffrent pas un examen plus
attentif. Il en est d'autres, comme une ciselure de Benvenuto
Cellini, qui veulent, au contraire, être admirés de près. En
examinant ces derniers, vous voyez que la main de l'artiste
a passé sur chaque détail, et que les parties les moins appa-
rentes ont été l'objet d'un soin particulier; vous devinez un
ouvrier consciencieux, amoureux de son œuvre. Mais bien
autrement habile encore est la main de la nature, qui se plaît
à façonner avec un art indicible la moindre de ses produc-

tions ; ici votre œil est impuissant et ne peut saisir la forme des chefs-d'œuvre que le microscope vous montrera.

La neige n'est pas un agrégat confus de particules solides ; elle est constitée par des atomes aqueux symétriquement groupés sous forme de figures les plus variées. Si vous armez votre œil d'une loupe, un flocon de neige vous offrira l'image d'un monde régulier, dont les matériaux géométri-

Fig. 52. — Flocons de neige vus à la loupe.

ques sont disposés avec art autour d'un noyau central. Il vous apparaîtra sous la forme d'une fleur à six pétales, d'une étoile hexagonale découpée avec la finesse la plus exquise. Un autre flocon se présentera à vos yeux sous une autre forme, et les étoiles de neige varient à l'infini.

Cependant elles sont toutes construites sur le même modèle, façonnées sur le même type. D'un noyau central rayonnent six aiguilles formant entre elles un angle de 60°. A ces aiguilles sont ramifiées d'autres aiguilles plus petites ; à gauche et à droite de celles-ci, d'autres branches, mille fois plus ténues encore, rayonnent et tracent fidèlement leur angle de 60° (*fig.* 52).

Toutes ces fleurs de neige affectent les formes les plus

merveilleuses, présentent les aspects les plus variés; on di-rait les images toujours changeantes d'un kaléido-scope. Elles sont découpées dans la plus fine étoffe, brodées dans la plus déli-cate mousseline. Les ato-mes se soudent les uns aux autres; ils se sont attirés mutuellement, se sont unis, accolés pour former des ro-settes, des rameaux, des tiges, des branches, des étoiles, des corolles et des fleurs géométriques[1].

Voilà tout ce que vous verrez dans la neige; mais que votre observation soit rapide, car cette architec-ture divine, ces monuments invisibles, dont chaque pierre est un atome, ont une bien faible durée. Il ne faut qu'un rayon de soleil pour détruire toute cette harmonie, et la chaleur de votre corps peut même fon-dre le flocon de neige. Alors les atomes se séparent, les étoiles disparaissent : une goutte d'eau a remplacé le spectacle féerique.

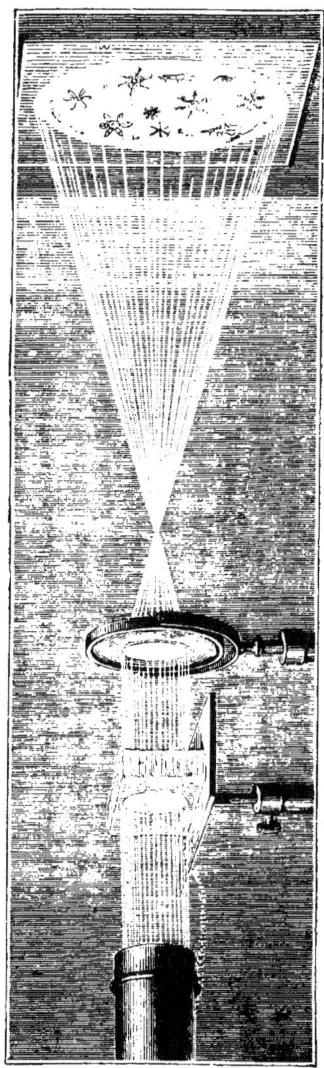

Fig. 55. — Constitution de la glace.

La glace, comme la neige, recèle une structure d'une ad-

[1] La variété de formes des flocons de neige atteint une richesse qui

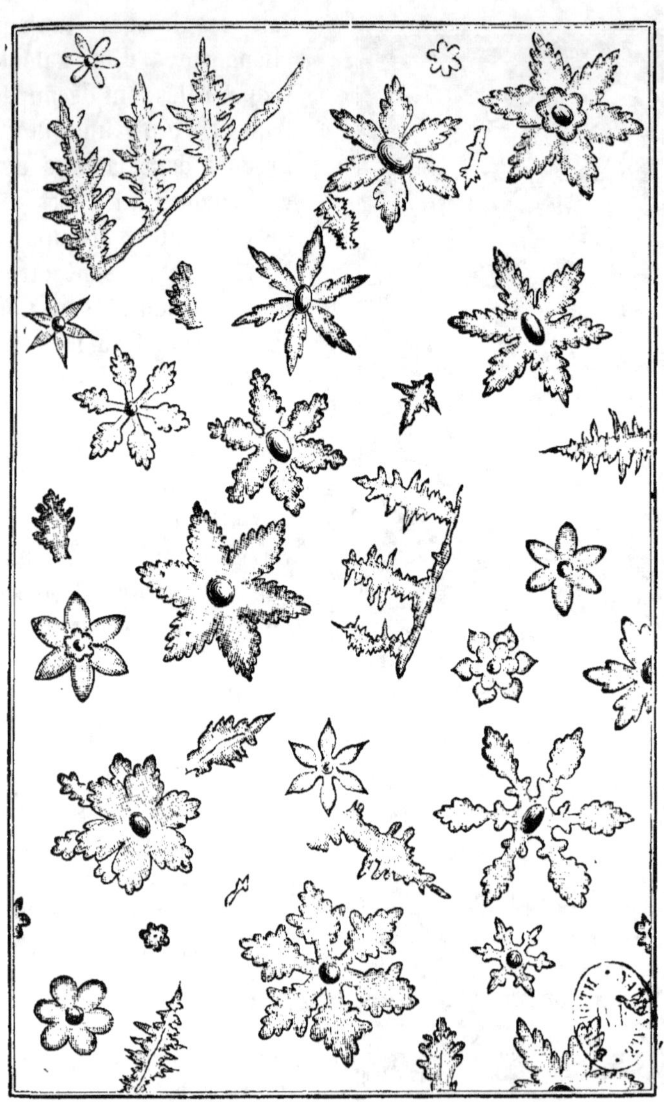

Fig. 54. — Fleurs de la glace, obtenues par la fusion.

mirable régularité. Elle est formée de cristaux géométriques, que nous pouvons dévoiler à l'aide de la chaleur.

Faisons passer un rayon de lumière électrique à travers un morceau de glace. L'intensité lumineuse ne change pas après avoir traversé le bloc transparent, mais son intensité

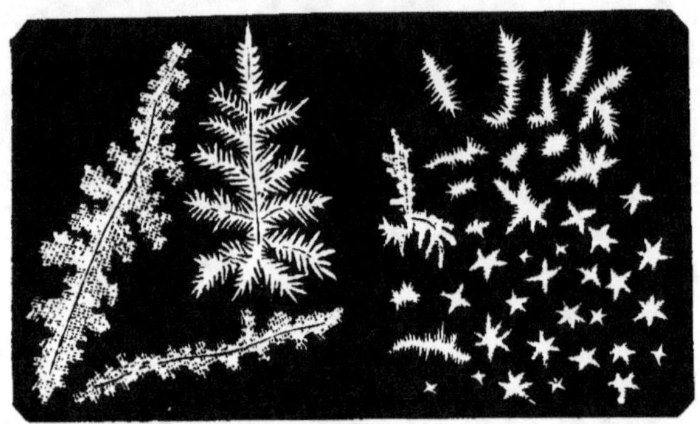

Fig. 53. — Arborescence de la glace formée sur une vitre.

calorifique est notablement diminuée, comme nous pouvons le constater à l'aide du thermomètre. Une certaine quantité de chaleur est restée dans la glace; elle va y jouer le rôle d'un anatomiste habile, disséquant d'une manière étonnante le bloc d'eau solidifiée.

Si l'on place une lentille devant le bloc de glace, au milieu du rayon lumineux, et qu'on projette son image sur un écran, on voit apparaître des étoiles à six rayons, des fleurs à six pétales (*fig.* 53 et 54). Le rayon lumineux est ici le messager qui nous représente le travail de dissection opéré par la chaleur dans le bloc de glace. La chaleur fond l'eau solidifiée sur son passage, elle détruit l'édifice de glace; elle enlève une à une les pierres qui formaient une admirable

dépasse tout ce que l'observation peut rêver. M. Glaisher, directeur de l'Observatoire météorologique de Greenwich, a compté plusieurs centaines d'espèces de flocons de neige, dont les formes différentes dérivent toutes du même système cristallin.

architecture, elle sépare les molécules que les forces atomi-
ques avaient entassées une à une (*fig.* 55).

La tendance de l'eau à affecter une forme cristalline lorsqu'elle prend l'état solide, est rendue manifeste par les fou-
gères arborescentes, sous l'apparence desquelles se révèle le
givre, quand il se dépose sur nos carreaux pendant les grands
froids de l'hiver. On voit apparaître des branches d'arbres
fantastiques, dont la figure 55 donne une idée incomplète,
mais exacte. On dirait un graveur invisible qui est venu figurer ces arborescences sur la vitre qui nous charme fortuite-
ment par les dentelures dont elle se trouve revêtue. Les lois
de la nature ont encore présidé à ce travail gracieux ; mesu-
rez les angles formés par les rameaux de glace, et vous leur
trouverez une valeur constante de 60°. Toutes les figures géométriques de ces tableaux sur verre se rattachent, avec une
exactitude mathématique, au prisme hexagonal dont elles
dérivent.

LA GLACE ET LES GLACIERS

Ces cristaux de glace forment les champs de glace qui entourent les pôles (*fig.* 56), ils forment aussi nos montagnes
de neige ; ils couvrent les Alpes d'un manteau sans tache, et
se transforment en eau, quand les rayons du soleil en frappent au printemps la surface blanche et éclatante. Mais cette
fusion de la neige est toujours incomplète. Au-dessus d'une
certaine limite, qu'on appelle « la ligne des neiges, » règnent
les glaces éternelles. Plus bas, la chaleur, toujours prédomi-
nante, fait fondre complétement la neige formée par les froids
de l'hiver. Mais si, au-dessus de cette ligne-limite, il y avait
chaque année une accumulation de neige, les montagnes se
chargeraient à travers les siècles d'un poids énorme ; si la
couche de neige s'accroissait seulement d'un mètre en une
année, le dépôt qui aurait pris naissance depuis dix-huit siècles

serait de 1,800 mètres. Et si, au lieu de remonter les temps historiques, on comptait à partir des âges géologiques, on arriverait à assigner à la couche de neige qui charge les épaules de nos montagnes une hauteur prodigieuse. Aucun amoncellement de ce genre ne peut avoir lieu, et il n'est pas

Fig. 56. — Champ de glace.

possible que le soleil entasse, sur les chaînes des montagnes, l'eau qu'il ravit sans cesse à l'Océan.

Par quel mécanisme les cimes des montagnes sont-elles débarrassées de l'excès de neige qui les écrase sous leur poids? Des blocs immenses de neiges, des glaciers formidables se détachent parfois, et forment les avalanches qui se précipitent dans la vallée, où ils retournent à l'état liquide; mais ce mouvement brusque et accidentel n'est pas le seul dont est doué le glacier. Il descend la pente des montagnes lentement et progressivement : tandis que sa partie supérieure est située dans le domaine des glaces, au-dessus de la « ligne de neige, » son pied touche les régions plus chaudes,

où la neige est constamment fondue par l'action de la chaleur.

On sait comment on peut agglomérer les flocons de neige,
en les comprimant dans la main, et comment on peut les
rendre durs, en les soumettant à une forte pression. La boule
de neige est de la glace en voie de formation. La glace elle-
même est capable de céder à la pression qu'on lui fait supporter et si, par conséquent, une couche épaisse de neige s'étend
sur une couche de glace, celle-ci, supportant le poids de la
neige qui la recouvre, sera pressée, comprimée ; et si elle est
située sur une pente, elle ne résistera pas longtemps à la
force qui la pousse, et elle descendra lentement.

Ce mouvement a lieu constamment le long des pentes des
montagnes chargées de neige ; le glacier glisse sur le versant
où il a pris naissance, il atteint les régions les plus chaudes
où il se convertit en eau. Entre la neige est le glacier se
trouve le « névé. » Le névé est de la glace en voie de formation ; c'est de la neige agglomérée, solide et opaque, qui se
trouve dans toutes les montagnes.

Les glaciers sont doués d'une propriété singulière, souvent remarquée par les touristes ; ils se moulent dans les
canaux où ils se meuvent, et pénètrent dans les anfractuosités du sol ; ils reproduisent extérieurement la forme du sol
sur lequel ils reposent ; on dirait une masse visqueuse, un
amas de mélasse ou de cire molle qui, sans être liquide, est
mou, et prend l'empreinte exacte de la couche solide de
terre ou de roche qui la supporte. Le glacier s'aplatit, s'élargit, se rétrécit, s'étend comme du caoutchouc, et son centre
marche toujours plus rapidement que ses côtés amincis.

On s'est hâté d'expliquer ce fait curieux, en donnant à la
glace une propriété de « viscosité ; » mais cette prétendue
explication ne peut être admise sans expérience : si elle rend
parfaitement compte du fait, en montrant que l'eau solide
cède à la traction, et s'étend comme le miel ou le goudron,
il n'en faut pas moins chercher ailleurs la cause de cette fa-

culté d'extension que possède la glace, car un mot n'est pas une théorie.

Si vous prenez deux fragments de glace, et que vous les appliquiez quelques instants l'un contre l'autre, les surfaces en contact ne tarderont pas à se souder mutuellement, et il en résultera un seul bloc de glace parfaitement homogène : cette expérience seule peut nous fournir l'explication de ce qui se passe dans la nature; mais abordons pas à pas ce sujet important, et voyons d'abord pourquoi les deux fragments séparés se sont unis entre eux.

De même que la vapeur s'échappe toujours d'une surface libre de liquide, et que les molécules de la surface se transforment en gaz plus tôt que les molécules de l'intérieur de la masse liquide, de même les particules extérieures d'un morceau de glace se transformeront en eau, se fondront avant celles du centre. Deux morceaux de glace à 0° commencent à entrer en fusion à la surface; si nous plaçons deux de leurs faces en contact, nous transportons ces deux surfaces au centre d'un bloc nouveau que nous formons ainsi; la fusion des deux surfaces ne peut se réaliser, puisqu'elles se touchent; elles se congèlent et se collent l'une à l'autre.

C'est à Faraday que l'on doit cette expérience curieuse, connue sous le nom de « regélation; » c'est à M. Tyndall qu'on en doit l'application, appuyée par d'autres expériences des plus intéressantes. « Un jour chaud d'été, dit le savant Anglais, je suis entré dans une boutique du Strand; des fragments de glace étaient exposés dans un bassin sur la fenêtre, et, avec la permission du marchand, prenant à la main et tenant suspendu le morceau le plus élevé, je m'en suis servi pour entraîner tous les autres morceaux hors du plat. Quoique le thermomètre, en ce moment, marquât 30°, les morceaux de glace s'étaient soudés à leurs points de jonction. »

La regélation de la glace s'effectue même au sein de l'eau chaude; deux fragments distincts, accolés l'un à l'autre au sein d'un liquide aussi chaud que la main peut le

supporter, tenus comprimés pendant quelques secondes, se
gèlent et s'agglomèrent en dépit de la chaleur.

C'est en vertu de cette regélation que la glace se comporte
d'une manière analogue à un corps visqueux ; elle se brise facilement comme un morceau de verre, mais les morceaux
séparés se soudent les uns aux autres et acquièrent une nouvelle
forme ; elles se laissent comprimer d'ailleurs, et peuvent
s'amincir ou s'élargir sous le jeu de la pesanteur, ou sous
le poids de la neige qu'ils supportent.

Un barreau de glace, comprimé successivement dans une
série de moules de plus en plus courbés, peut se transformer en un anneau circulaire. La barre se brise dans le moule ;
mais à peine brisée, elle se regèle et forme une seule masse
homogène et intacte. Ce principe est celui qui préside à la
formation des boules de neige, pressées entre les mains. Si
on comprime fortement une grosse boule de neige dans un
moule, on peut obtenir une coupe de glace parfaitement
transparente, provenant de la regélation de la neige. En en-
tassant de la neige dans un moule sphérique et en comprimant à la presse hydraulique, on obtient une sphère de glace
dure et transparente, une boule de neige, comme les écoliers
n'en font pas.

Les habitants des montagnes, sans être initiés aux théories
de la physique, se servent souvent de la propriété de regélation de l'eau solide pour traverser des crevasses profondes sur
des ponts de neige. En marchant avec précaution sur le
pont façonné par les flocons agglomérés, on en détermine la
soudure, et la masse prend alors, sous le jeu de la regélation, une dureté et une rigidité capables de supporter un
grand poids. Certains guides en Suisse ne craignent pas de
traverser ainsi, sur des ponts de neige, des gouffres très-pro-
fonds, et si vous les voyez jamais à l'œuvre, cessez de vous
effrayer ; rappelez-vous la regélation de la glace, tentez vous-
même après eux l'expérience, vous la verrez se réaliser
sous vos pas en toute connaissance de cause.

On comprend sans doute à présent comment un glacier s'engage à travers les défilés des Alpes, s'introduit dans les excavations du sol, pénètre dans les gorges étroites, se courbe et se replie sur le dos des montagnes, se modèle sur les rides de la vallée, se moule dans les sillons qui s'y trouvent, se prête au mouvement de toutes ses parties, s'enfonce dans le crevassement des roches, sans qu'il soit nécessaire d'admettre la propriété de viscosité qu'ont mise en avant Mgr Rendu et M. Forbes.

La glace, dans son mouvement, use et polit les surfaces où elle glisse : sa base inférieure est remplie de cailloux, qui jouent le rôle des fragments durs adhérents au papier de verre; le sol est fissuré légèrement par ces petites pierres qui marchent lentement avec le glacier, il est raboté ou poli suivant sa nature. Quand le glacier a cessé d'exister, quand il est converti en eau sous l'action de la chaleur solaire, il laisse sur le lieu de son existence des traces incontestables de son passage, et le terrain qui l'a vu naître est couvert des empreintes qu'il y a gravées.

Dans toutes les chaines de montagnes, dans tous les pays, on remarque, en un grand nombre de régions, des cannelures profondes qui rident le sol, des surfaces arrondies et rabotées qui parlent aux yeux de l'observateur un langage précis, et lui attestent en toute certitude qu'un glacier s'est trouvé jadis dans le lieu où ces caractères se manifestent. La vallée de Grimsel, dans les Alpes Bernoises, offre un aspect caractéristique du passage des glaciers; les rochers sont arrondis et polis, et partout se retrouve la trace des rainures formées par les cailloux adhérents à la glace. Ces mêmes caractères se retrouvent dans la vallée du Rhône, sur les flancs du Jura; tout, dans ces régions, proclame l'existence d'anciens glaciers, formidables et puissants, véritables géants à côté de nos glaciers modernes.

L'Amérique du Nord, certaines parties de l'Asie ont été jadis des mers de glace, et les cèdres du Liban croissent aujourd'hui sur des moraines de glaciers antéhistoriques.

La *glace glaciaire*, la *neige*, le *névé*, ne sont pas les seules variétés d'eau solidifiée que nous offre la nature. On rencontre souvent dans les glaciers de nombreuses cavités pleines d'eau, à la surface de laquelle se forment des couches de glace, différentes de la glace glaciaire; cette *glace d'eau* est plus compacte que cette dernière, elle ne renferme pas des fissures capillaires qui colorent la *glace bleue*, si souvent admirée par les touristes.

Au fond des fleuves rapides, tels que le Rhin, se réunissent parfois des fragments d'eau solidifiée, spongieuse, que les riverains connaissent sous le nom de *glace de fond*.

La *grêle*, enfin, nous offre l'exemple d'une autre variété d'eau solide; la texture des grêlons n'est pas cristalline, elle est caractérisée par des couches concentriques disposées autour d'un noyau central.

La glace qui se forme sur les étangs, sur les rivières, est celle qui a été l'objet des plus nombreuses études. Nous avons fait voir que cette glace avait une structure cristalline, comme le montrent d'ailleurs les dessins bariolés que se plait à façonner le givre sur nos carreaux, pendant les froids rigoureux de l'hiver, et dont nous avons précédemment parlé [1].

La glace a quelquefois été rencontrée en véritables cristaux, formés par des prismes hexagonaux ou triangulaires. M. le docteur Clarke détacha sous le pont de Cambridge plusieurs gros cristaux rhomboédriques de glace. Ces cas sont de rares exceptions, et généralement la glace ne paraît pas offrir une structure cristalline plus que le verre. Mais

---

[1] M. Haas a trouvé le moyen de fixer les dessins du givre sur les carreaux : il expose au froid une lame de verre horizontale, recouverte d'une mince couche d'eau, tenant en suspension de la poudre d'émail. Le givre se forme et dessine de nombreuses arabesques ramifiées, en tenant emprisonnée la poudre d'émail. On a des arborescences d'émail quand la glace est évaporée, et en portant au four la vitre ainsi préparée, l'émail fondu fixera pour toujours les cristallisations formées par le givre.

nous avons vu de quelles ressources était le rayon lumineux que nous avons fait passer à travers un bloc de glace, et qui nous a rapporté toutes les merveilles qu'il avait aperçues dans son voyage, en nous témoignant ainsi combien est admirable le grand art de la nature.

CHAPITRE V

ROLE CHIMIQUE DE L'EAU

> L'eau est le principe de toutes choses; les
> plantes et les animaux ne sont que de l'eau
> condensée, et c'est en eau qu'ils se résoudront
> après leur mort.
>
> THALÈS.

LA DISSOLUTION

Ce phénomène bien vulgaire et bien connu n'en offre pas
moins un très-grand intérêt.

Jetons une poignée de salpêtre (azotate de potasse) dans

Fig. 57. — Cristaux de salpêtre.

un vase plein d'eau, ce sel se dissoudra comme le sucre; jetons dans ce vase une seconde poignée du même sel, une

troisième, une quatrième : elles se dissoudront, elles disparaîtront peu à peu comme la précédente. Mais, cependant, il
arrivera un moment où la liqueur refusera de dissoudre la
nouvelle quantité de sel qu'on y versera, et qui restera intacte et solide au sein du liquide.

On dit que l'eau à ce moment est *saturée*.

En chauffant cette eau, on verra le sel en excès se dissou-

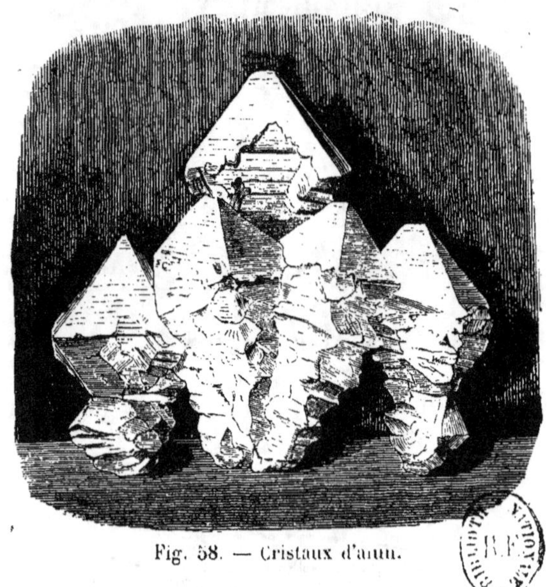

Fig. 58. — Cristaux d'alun.

dre sous l'action de la chaleur; et quand le liquide sera en
ébullition, on pourra lui faire absorber des quantités de sel
beaucoup plus considérables que lorsqu'il était à une température moins élevée.

L'eau généralement possède, quand elle est chaude, une
capacité dissolvante plus grande que lorsqu'elle est froide; cependant certains produits, tels que le sel de cuisine, se dissolvent aussi bien dans l'eau froide que dans l'eau bouillante. Si
on laisse refroidir et qu'on abandonne à un repos de quelques
heures une eau saturée à chaud, elle abandonnera le sel en

excès, qui se déposera sous forme de cristaux géométriques
plus ou moins volumineux (*fig.* 57). Le carbonate de soude,
le sulfate de cuivre, l'alun (*fig.* 58) cristallisent très-facilement au sein de l'eau, et tapissent le fond du vase où l'on
opère, d'aiguilles ou de prismes du plus remarquable
aspect.

L'eau ne dissout pas tous les sels dans les mêmes propor-

Fig. 59. — Action de l'eau sur la chaux vive.

tions ; un litre de ce liquide peut s'emparer de près de 1 kilogramme de sulfate de soude, tandis qu'il ne peut pas dissoudre plus de 1 décigramme de sulfate de chaux. L'eau chargée
d'acide carbonique agit sur un grand nombre de pierres ; elle
dissout très-facilement, comme nous l'avons vu, le carbonate
de chaux (craie, pierre à bâtir) ; elle peut encore décomposer
les roches granitiques, et l'acide carbonique qu'elle tient en
dissolution se trouve ainsi fixé à l'état solide.

La dissolution est souvent accompagnée d'un phénomène chimique, d'un dégagement de chaleur plus ou moins considérable : c'est ainsi que l'eau, sans action sur quelques substances, telles que l'or, l'argent, le quartz, le charbon, le soufre, etc., est décomposée par des corps tels que le potassium, le sodium ; c'est ainsi qu'elle s'unit à la chaux, à l'acide sulfurique anhydre, et qu'elle détermine une élévation de température plus ou moins considérable, en donnant naissance à un composé nouveau, à une véritable combinaison chimique (*fig.* 59).

COULEUR ET TRANSPARENCE DES SELS

Qui pourrait croire que l'eau incolore peut colorer ou rendre transparents les sels qui cristallisent dans son sein? Rien n'est plus vrai cependant, comme le démontrent des expériences très-simples.

Voici des cristaux de sulfate de cuivre qui nous offrent une admirable nuance bleu foncé ; leur éclat, leur transparence sont remarquables, et ils reflètent la lumière qui se joue sur leurs facettes régulières.

Emprisonnons-les dans une étuve (*fig.* 60) chauffée à 120°, température à laquelle l'eau s'évaporera et abandonnera le sulfate de cuivre. Après quelques heures, le sel sera complétement sec ; mais alors les cristaux seront détruits, l'édifice sera rompu par le départ de l'eau ; la couleur, la transparence se seront envolées avec l'élément liquide. Ces cristaux, bleus réguliers quand ils contenaient de l'eau, se sont métamorphosés en une poudre blanche et opaque à présent qu'ils sont secs.

Voici des cristaux transparents de carbonate de soude. Faisons-les sécher, ils prendront encore, en perdant leur eau, l'aspect d'une poussière blanche et sans forme.

L'eau qui est ainsi emprisonnée dans la masse des corps

cristallisés, ne s'y trouve pas mélangée ; elle est combinée, unie, suivant des rapports définis, aux molécules du sel qu'elle colore et qu'elle rend transparentes ; cinq molécules d'eau, par exemple, s'unissent à une molécule de sulfate de cuivre pour former ces beaux cristaux bleus qu'on admire souvent à la devanture des pharmaciens.

Un grand nombre de pierres naturelles renferment aussi

Fig. 60. — Étuve pour dessécher un sel.

de *l'eau de combinaison*, qui leur donne une belle transparence. Le gypse translucide, que l'on rencontre abondamment dans les carrières des environs de Paris, est du sulfate de chaux hydraté, qui a une forme cristalline remarquable, offrant l'aspect d'un fer de lance. Ce gypse calciné perd l'eau qu'il renferme ; il se convertit en une poussière blanche qui est le plâtre.

L'*azurite*, une des plus belles pierres que nous présente le règne minéral, douée d'une forme cristalline régulière, d'une couleur bleu foncé du plus beau ton, contient encore de l'eau de cristallisation, et se détruit quand elle est desséchée, en perdant les nuances d'azur qui lui ont fait donner son nom.

LES PLANTES ET LES ANIMAUX

Bien plus important encore est le rôle chimique de l'eau dans le règne animal et dans le règne végétal. Nous savons que l'élément liquide nourrit les plantes, et nous allons voir qu'il constitue presque à lui seul les arbres de nos forêts, les fruits et les graines de ces arbres, ainsi que le corps de tous les animaux. Le philosophe Thalès, le célèbre chef de l'école ionienne, disait, il y a deux mille ans : « L'eau est le principe de toutes choses ; les plantes et les animaux ne sont que de l'eau condensée ; et c'est en eau qu'ils se résoudront après leur mort. » Cette assertion n'est pas aussi exagérée qu'on pourrait le croire au premier abord.

Faisons chauffer à l'étuve une poignée d'herbes vertes exactement pesée ; attendons que l'eau ait eu le temps de s'évaporer, et jetons alors les yeux sur les parties de la plante séchée.

Ces herbes, vertes et brillantes, fraîches et vivantes, sont mortes et calcinées par le départ de l'eau ; leur poids est diminué des quatre cinquièmes ; au lieu de peser 100 grammes, elles n'en pèsent plus que 20 ; en chassant l'eau de leur être, nous avons chassé tout ce qui était leur vie, nous avons chassé la séve, la matière colorante, nous avons détruit tout l'organisme.

L'homme et tous les autres animaux sont formés presque essentiellement aussi par les éléments de l'eau ; il suffit de quelques globules pour transformer l'eau en sang, il suffit de quelques substances minérales et organiques, pour changer l'eau en séve ou en lait. Le lait naturel renferme 85 pour

100 d'eau, le sang des animaux 97 pour 100. Un homme pesant 60 kilogrammes n'en pèserait plus que 12 s'il était complétement desséché !

Ces faits donnent une idée suffisante de l'importance vraiment extraordinaire de l'eau dans la constitution des êtres. L'eau est partout, et partout elle entre dans la composition des corps qui recouvrent la superficie de notre terre.

Si l'eau venait à manquer subitement sur le globe, tout ce qui respire ici-bas, tout ce qui vit et joue un rôle dans la grande scène du monde serait anéanti. Les mers seraient à sec, et le monde animé qui s'y développe serait frappé d'une mort instantanée : au lieu de ces plaines liquides, où les vagues poursuivent les vagues, où les flots se balancent et s'élèvent en sillons d'écume, d'immenses plaines arides s'offriraient aux yeux du spectateur ; les poissons les plus gigantesques, les cétacés formidables, privés de l'eau qui entre dans leur constitution, périraient et seraient réduits à un faible volume ; les algues, les forêts marines, se coucheraient au fond du vaste bassin, comme des lanières de cuir soumises à la calcination.

Les fleuves terrestres, les rivières, les cours d'eau offriraient l'aspect de sillons dénudés ; les ruisseaux cesseraient de faire entendre leur murmure. Les arbres, les plantes, les végétaux de toute sorte seraient complétement détruits ; en perdant l'eau qu'ils contiennent, ils perdraient leur séve et leur vie ; les plus grands chênes de nos forêts se transformeraient en un amas confus, en une poussière informe.

La plupart des pierres changeraient aussi d'aspect ; le gypse transparent se réduirait en poudre blanche ; le carbonate de cuivre bleu, les stalactites vertes de malachite se métamorphoseraient en une cendre incolore ; la pierre à bâtir, l'ardoise, les gisements de houille prendraient un aspect différent de celui qu'ils présentent actuellement.

L'air, privé de la vapeur d'eau, des nuages qui y sont suspendus, n'offrirait plus ces spectacles grandioses qui sont dus aux jeux de la lumière; le soleil ne se coucherait plus en nuançant de rouge ou de jaune la masse des nuées; la surface entière du globe offrirait un terrible ensemble de désolation, et avec la disparition de l'eau finirait tout organisme.

V

LES USAGES DE L'EAU

> Il est peu de corps dont les usages soient
> aussi nombreux que ceux de l'eau.
>
> THÉNARD.

> Les usages de l'eau sont innombrables, et
> ils se multiplient à mesure que l'intelligence
> se développe et commande à cet agent de
> nouveaux rôles.
>
> JEAN REYNAUD.

CHAPITRE PREMIER

L'EAU ET L'AGRICULTURE

> Améliorer le régime des eaux de manière à les
> faire concourir le plus complétement possible à
> l'utilité générale, étendre les nombreuses utili-
> sations agricoles que peuvent recevoir les eaux
> courantes, c'est ouvrir des sources de prospérité
> si nombreuses et si grandes, que la science de
> l'ingénieur ne saurait être dirigée vers un but
> plus conforme aux intérêts généraux.
>
> NADAULT DE BUFFON.

> L'eau est pour l'élément aride une constante
> hydrothérapie qui le guérit de la sécheresse.
>
> MICHELET.

Quand le soleil de l'été a trop longtemps frappé de ses
rayons brûlants le sol desséché, quand le ciel a refusé à la
terre les bienfaits de la pluie; les arbres, les fleurs, tous les
végétaux semblent tristement languir; les feuilles se rident,
les rameaux s'affaissent, les prairies perdent leur éclat, les
blés et les seigles se courbent sous le poids des épis : les plantes nuisibles s'accroissent avec une prodigieuse rapidité dans
les champs qu'elles envahissent. Si le ciel s'obscurcit, si des
nuages épais viennent à crever, en inondant le sol d'une eau
abondante, la végétation se redresse et aspire avec joie le précieux remède ; tout renaît à la vie. Mais le ciel ne vient pas
toujours à point ouvrir ses cataractes, et le cultivateur ne

doit pas attendre que les nuages lui apportent l'eau qui est
l'âme de ses champs ; il faut qu'il sache parer lui-même aux
intempéries des saisons, et lutter contre la sécheresse. Virgile
n'a-t-il pas dit : L'art du laboureur peut tout après les dieux?

Les végétaux naissent, croissent, se reproduisent et meu-
rent comme les animaux. Comme eux, ils respirent ; comme
eux, ils se nourrissent. Les feuilles sont les organes de la respiration ; elles absorbent l'acide carbonique de l'air, et sous
l'influence des rayons solaires, elles exhalent de l'oxygène et
s'assimilent le carbone nécessaire à leur développement.

Les racines sont les organes de la nutrition ; elles vont
chercher dans le sol les éléments propres à la nourriture du
végétal, et c'est l'eau qui les leur apporte à l'état de dissolution. Les aliments des plantes sont l'hydrogène, résultant de
la décomposition de l'eau ; l'azote, provenant de l'ammoniaque contenue dans toutes les eaux, même dans la pluie, et
certaines matières minérales, soude, potasse, chaux, silice,
magnésie, etc.

Toutes les eaux ne peuvent pas féconder le sol et favoriser
la végétation ; il en est même qui, nuisibles au développement des plantes, frappent la terre de stérilité. Les eaux stagnantes des marais et des tourbières arrêtent les mouvements
organiques ; chargées de substances astringentes, elles font
jaunir les feuilles et paralysent la végétation. Celles qui ont
coulé sur des terres ombragées, qui ont glissé sous les grands
arbres, sont froides et retardent la croissance des plantes ;
elles amènent dans les champs les graines de plantes sauvages
qui poussent et se développent au détriment des plantes cul-
tivées. Si elles se sont imbibées de l'extrait acide provenant
du terreau formé par les détritus organiques, elles sont complétement nuisibles.

Les eaux de source mal aérées, celles qui proviennent de
la fonte des neiges, sont mauvaises pour les plantes comme
pour les animaux ; elles ne doivent servir à l'arrosage qu'après
avoir dissous une notable quantité d'air. Le plâtre est utile

à un grand nombre de végétaux; les eaux plâtrées sont donc favorables; au contraire, les eaux chargées de calcaire sont nuisibles. D'après Sinclair, les eaux ferrugineuses agiraient sur les plantes comme sur les animaux, et donneraient de la tonicité aux herbes. Celles qui contiennent des quantités appréciables de sulfate de fer sont malsaines; le carbonate de fer est plus nuisible encore, il encroûte le tissu des plantes, ferme leurs pores, obstrue leurs cellules et les frappe de mort. Les eaux saumâtres, l'eau de la mer, donnent de bons résultats, si on les emploie avec ménagement, et dans une proportion d'autant plus considérable que le climat est plus sec. On connaît les effets heureux des prés salés sur le bétail, et l'influence qu'ils exercent sur la bonne qualité de la viande. L'eau des fleuves, l'eau des sources aérées, sont bienfaisantes et enrichissent le sol. Le cultivateur peut y puiser la richesse de son champ.

> Si le soleil brûlant flétrit l'herbe mourante,
> Aussitôt je le vois, par une douce pente,
> Amener du sommet d'un rocher sourcilleux
> Un docile ruisseau qui sur un lit pierreux,
> Tombe, écume, et, roulant avec un doux murmure,
> Des champs désaltérés ranime la verdure [1].

IRRIGATION ET DRAINAGE

Ne vous êtes-vous jamais livré, cher lecteur, à la culture d'un pot de fleurs sur le bord de votre fenêtre? N'avez-vous pas prodigué vos soins à cet arbuste dont vous suiviez tous les progrès? Vous avez assisté à la naissance d'un bouton, à sa métamorphose en une belle fleur aux couleurs fraîches et pures, et bien souvent vous en avez admiré les pétales au moment où ils s'épanouissaient sous les caresses du soleil.

[1] Virgile, traduction de Delille.

Comment cette plante a-t-elle grandi sous vos yeux? Ne le savez-vous pas mieux que personne, vous qui, tous les matins, l'avez nourrie en lui versant l'eau de votre carafe? Le soir les feuilles et les pétales, fatigués d'une forte chaleur, semblaient moins souriants : un peu d'eau les ranimait encore.

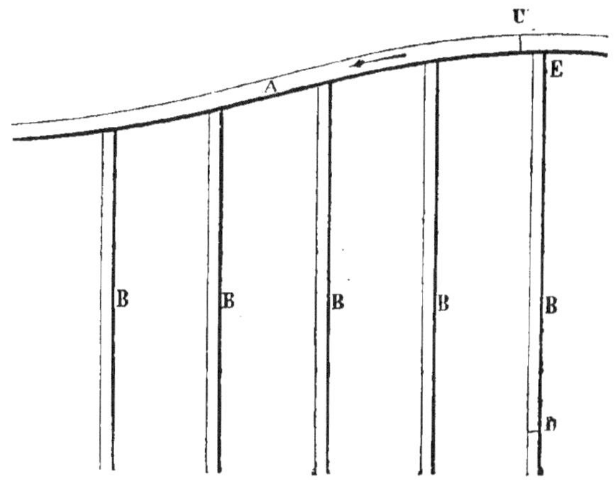

Fig. 61. — Irrigation par infiltration.

N'avez-vous pas remarqué que le pot de terre où était emprisonnée votre plantation, était percé à sa partie inférieure d'un petit orifice? N'avez-vous pas observé que la soucoupe où se dressait votre jardin en miniature se remplissait souvent d'eau pendant l'arrosage? L'eau versée dans le pot traversait la motte de terre où se divisaient les racines; elle filtrait ainsi, et l'excès de liquide non absorbé tombait au fond du pot; l'orifice lui ouvrait une issue. Sans lui l'eau aurait séjourné au milieu des racines; elles seraient tombées en pourriture, votre plante serait morte. Cet orifice au fond du pot de terre, c'était le salut de votre plantation.

Eh bien, votre culture a prospéré, parce qu'elle était conforme aux règles de l'*Irrigation* et du *Drainage*, et les agriculteurs doivent disposer les champs qu'ils cultivent à l'instar du pot de fleurs.

C'est par l'arrosage artificiel, par l'irrigation qu'il faut

améliorer le sol ; mais il faut distribuer les eaux avec prudence, car le remède est souvent un poison ; il peut tuer,
comme il peut guérir. Après avoir arrosé le sol, après que la
terre a bu l'eau qu'on lui a prodiguée, il est nécessaire d'en-

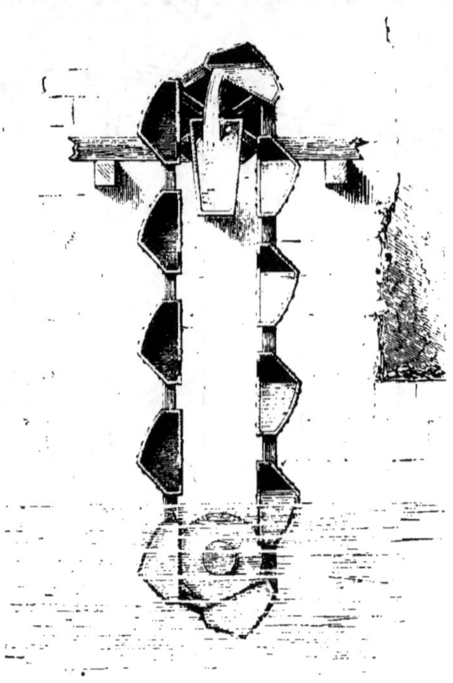

Fig. 62. — Noria.

lever l'excès de l'élément liquide. A l'irrigation doit succéder
le drainage.

L'irrigation profite à tous les terrains, mais elle convient
surtout aux sols sablonneux, et si l'eau employée peut être
limoneuse, elle n'enrichit pas seulement le terrain par l'engrais qu'elle apporte, elle corrige la trop grande porosité du
sol par le sédiment qu'elle entraîne. Il est très-important
d'apprécier la quantité d'eau que doit fournir l'irrigation ; le
volume du cours d'eau employé, la rapidité de son courant,

la faculté absorbante du sol, la nature du climat, doivent être l'objet de sérieuses études.

Sous un climat chaud, on emploie généralement une masse d'eau égale à la surface qui doit être arrosée, et de 1 décimètre

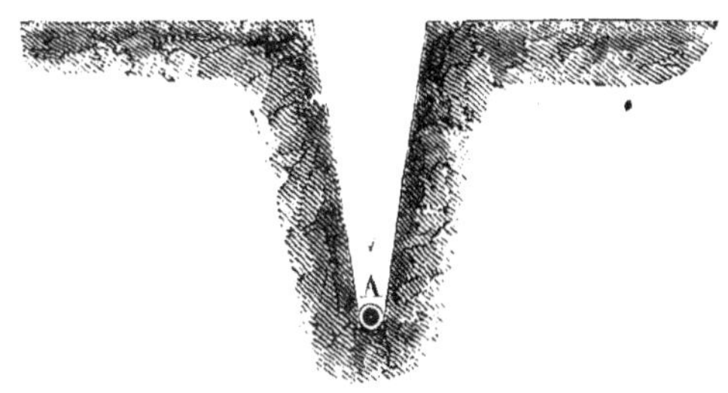

Fig. 63. — Drain ordinaire.

de hauteur, ou, en d'autres termes, 1,000 mètres cubes par hectare pour chaque arrosage. Il est généralement admis que le débit continu de 1 mètre cube d'eau par seconde, est suf-

Fig. 64. — Drain à coulisse.   Fig. 65. — Drain à pierre.

fisant pour arroser 1,000 hectares, ce qui revient à 1 litre par hectare et par seconde.

L'eau étant amenée en tête d'un terrain, il s'agit de la répandre de manière à ce qu'elle soit uniformément répartie sur toute la surface, afin que toutes les plantes en profitent également. Nous n'entreprendrons pas de décrire tous les

modes d'irrigation, mais nous devons cependant parler succinctement des méthodes les plus généralement usitées. La
figure 61 représente, par exemple, une irrigation par infiltration ; l'eau arrivant par une rigole d'alimentation A est distribuée dans d'autres rigoles secondaires B B... ; ces rigoles
sont simplement des sillons ouverts à la houe, entre les lignes
de culture. On donne successivement de l'eau à toutes les
rigoles secondaires ; on commence par exemple par celle qui
aboutit en E dans le canal de dérivation ; on ferme ce dernier
canal en C, et l'eau imbibe le sol jusqu'en D.

Souvent on submerge entièrement le champ à arroser, et
alors on emploie le mode d'irrigation par *immersion*, par
submersion, par *ados*, etc. Il arrive parfois que l'eau ne do-

Fig. 66. — Regard.

mine pas le champ qu'il s'agit d'irriguer, qu'elle se trouve à
un niveau inférieur ; alors il faut l'élever, et on y parvient à
l'aide de machines, telles que les *roues à godets* ou *norias*
(*fig.* 62).

Par le drainage on enlève, au contraire, aux terres l'eau
surabondante qui pourrait nuire aux développements des
plantes. On pratique des tranchées, des *drains*, au fond des-
quels on dispose des tuyaux cylindriques A (*fig.* 63). On re-
jette dans le drain la terre qui a été extraite, et rien ne paraît
à la surface du sol. Mais les eaux surabondantes se font jour
dans le sol, elles tombent au fond du drain et entrent dans
les tuyaux par leurs joints ; ces tuyaux en pente les conduisent

en dehors du champ, où elles sont évacuées. On emploie parfois les drains à coulisse (*fig.* 64), où le tuyau est remplacé par un canal en pierre, et les drains à pierre, comme le montre la figure 65. Comme le drain est situé sous terre et qu'il faut cependant savoir s'il fonctionne, on y ménage des regards à l'endroit où le tuyau se rend au canal collecteur (*fig.* 66); on enlève le peu de terre qui masque le regard, et on s'assure que l'eau s'écoule, par le bruit qu'elle fait en tombant.

COLMATAGE ET DESSÉCHEMENT DES MARAIS

Tous les ans le Nil déborde, il répand ses eaux sur les campagnes qu'il inonde, dépose un précieux limon qui est la richesse de l'immense vallée où il laisse glisser son onde : la nature fait en Égypte ce que les hommes font ailleurs sous le nom de *colmatage*. Cette opération a pour but d'amener des eaux limoneuses sur le sol qu'on veut *atterrir*; on les y laisse séjourner, le sédiment se dépose; l'eau claire évacuée est remplacée par de nouvelles nappes d'eau trouble et ainsi de suite jusqu'à ce que l'élévation du sol soit suffisante. Le colmatage permet de créer à peu de frais un sol nouveau d'une grande fertilité, et c'est ainsi que la riche vallée de l'Isère a été conquise sur les eaux : les riverains des grands fleuves peuvent donc puiser dans les cours d'eau la richesse et la prospérité.

Il appartient encore à l'agriculture de mettre à profit le fond des marais et des étangs, où l'eau couvre le sol d'une eau fangeuse et malsaine. Il faut dessécher ces mares putrides, et au lieu de roseaux inutiles, de plantes marécageuses, d'herbes nuisibles, les tiges dorées du blé ne tarderont pas à couvrir les campagnes, les épis serrés se berceront bientôt sous le souffle du vent, et leur surface mobile, agitée par l'air, imitera les ondulations de l'Océan.

CHAPITRE II

> Rien n'est vil dans la nature, et il n'est pas
> de substance que l'homme ne puisse mettre à
> profit.
>
> JEAN REYNAUD.

LE SEL MARIN

Parmi les produits industriels les plus importants, on doit
citer en première ligne le *sel marin* ou *chlorure de sodium* :
c'est l'eau qui nous fournit à profusion cette substance si précieuse, qui, sous le nom de sel de cuisine, figure dans tous
nos repas, et qui chaque jour est employée dans l'économie
domestique, pour assaisonner les aliments et conserver les
viandes. L'agriculture en consomme encore chaque année des
quantités énormes, et l'industrie en emploie dans une proportion considérable pour fabriquer le sulfate de soude, l'acide
chlorhydrique et quelques chlorures jouant un grand rôle
dans les arts chimiques.

On puise le chlorure de sodium dans trois sources différentes, qui sont : les bancs de *sel gemme*, les *sources salées*
et l'*eau de la mer*. Dans le premier cas, quand le sel gemme
est pur, on creuse des puits et des galeries souterraines où
les mineurs extraient sans relâche la précieuse substance :

mais quand le gisement n'offre pas une matière d'une qualité suffisante, on emploie un procédé plus simple et moins coûteux ; au lieu d'envoyer des ouvriers au sein de la terre, on y fait pénétrer de l'eau douce, qui opère comme un mineur habile. Dans le pays de Salzbourg, dans la Souabe et dans un grand nombre d'autres localités, on se contente de forer des puits étroits, qui s'enfoncent jusqu'au milieu du gisement, dans des espaces vides, des compartiments appelés *chambres de dissolution*. On y verse de l'eau qui dissout le sel gemme, s'en sature, et il suffit de la faire remonter au niveau du sol à l'aide de pompes, de l'évaporer sous l'action de la chaleur, pour obtenir à peu de frais des cristaux de sel, ainsi arrachés par l'eau, du sein de l'écorce terrestre.

Les sources salées proviennent d'eaux d'infiltration, qui, dans leur voyage au sein du globe, ont rencontré des gisements de sel gemme. Ces eaux, rarement saturées de sel, n'en renferment quelquefois pas plus de 3 ou 4 pour 100 : comme, dans ce cas, le volume de liquide à évaporer, très-considérable, nécessiterait une dépense de calorique trop élevée, on fait subir à la solution salée une concentration préliminaire, en l'exposant au contact de l'air dans des appareils connus sous le nom de *bâtiments de graduation* (*fig.* 67).

Ce sont des murs formés de fagots d'épines, fixés dans des charpentes en bois et surmontés d'une rigole qui parcourt l'édifice dans toute sa longueur. Le ruisseau supérieur déverse l'eau salée fournie par des pompes, tantôt à sa droite, tantôt à sa gauche ; cette eau traverse la masse des fagots, tombe goutte à goutte, dans toute leur épaisseur ; constamment en contact avec les courants d'air et le vent, elle est soumise pendant son trajet à une évaporation considérable et arrive notablement concentrée dans le bassin inférieur. Si l'opération est recommencée plusieurs fois, si le mur est aligné dans une direction perpendiculaire à celle du vent, la concentration est très-rapide. Dans la saline de Sooden, près d'Allendorf (Hesse), une eau qui renferme 4 pour 100 de sel avant de s'égoutter pour la première fois à travers le bâtiment de graduation, en contient 22 pour 100 après s'être écoulée la sixième fois.

Ce mode d'extraction du sel est fréquemment usité; dans

Fig. 67. — Bâtiment de graduation.

de nombreuses contrées, où se dressent au-dessus du sol ces murs gigantesques qui n'ont pas moins de 500 mètres de longueur sur 12 de hauteur et de 4 de large, on voit l'eau salée tomber lentement à travers les fagots entassés, se con-

centrer peu à peu jusqu'à ce qu'elle soit suffisamment saturée pour être évaporée sous l'action du feu. Quand l'eau est
arrivée à contenir 14 à 22 pour 100 de sel, on la soumet à
l'action de la chaleur, qui détermine d'abord un dépôt de
substances impures, puis de chlorure de sodium.

Parmi toutes les sources de sel les plus abondantes et les
plus riches, l'Océan occupe le premier rang. Les eaux de la
mer sont évaporées dans le Midi dans de vastes récipients appelés *marais salants*, sous l'action de la chaleur que le soleil
prodigue gratuitement. Sur les côtes de la Méditerranée, sur
les rivages de l'Océan, on fait pénétrer les eaux salées dans
de vastes bassins, où elles s'évaporent rapidement, et quand
le liquide a atteint de 20 à 24° du pèse-sel Beaumé, on le
fait arriver dans d'autres bassins, où il dépose le sel marin
(*fig.* 68). Cette exploitation offre une importance de premier
ordre, car l'Océan ne contient pas seulement du chlorure de
sodium, il renferme encore d'autres sels précieux que l'industrie peut mettre à profit.

Voici quelle est la composition de 1 kilogramme d'eau de
mer :

		OCÉAN.	MÉDITERRANÉE.
		gr.	gr
Chlorure	de sodium	25.10	27.22
	de potassium	0.50	0.70
	de magnésium	3.50	6.14
Sulfate	de magnésie	5.78	7.02
	de chaux	0.15	0.15
Carbonate	de magnésie	0.18	0.19
	de chaux	0.02	0.01
	de potasse	0.23	0.21
Iodures, bromures et matières organiques		?	?
Eau pure		964.54	958.36
		1000.00	1000.00

Certains lacs renferment des quantités de sel marin beaucoup plus considérables ; les eaux de la mer Morte, celles du
lac Salé dans le pays [des Mormons (*fig.* 69) en contiennent

Fig. 63. — Marais salants (île d'Oléron).

jusqu'à 110 grammes par kilogramme ; mais ces abondantes sources de sel peuvent être considérées comme des exceptions.

Les eaux des marais salants, après avoir abandonné le chlorure de sodium qu'elles tenaient en dissolution, renferment encore de l'acide sulfurique, à l'état de sulfates, de la soude, de la potasse, de la magnésie, produits qu'on ne

Fig. 69. — Le lac Salé.

peut se procurer en France qu'après avoir payé un fort tribut à l'étranger. M. Ballard s'est voué à une étude patiente de ces eaux-mères, et il est parvenu à en tirer parti, en extrayant le sulfate de soude qu'elles peuvent fournir.

Le sulfate de soude est employé à la fabrication de la soude et à celle du verre ; c'est un des produits chimiques les plus utiles, et son extraction des eaux de l'Océan doit être considérée comme un des résultats les plus importants de notre siècle. Pour isoler ce sel, il est nécessaire d'abaisser au-dessous de 0° la température des eaux des marais salants, ce qui exigeait une dépense assez considérable ; ce grave inconvénient est détruit aujourd'hui, grâce à un ingénieux appareil qui produit à volonté du froid, et que nous allons décrire dans le chapitre suivant.

CHAPITRE III

LA GLACE ET SA FABRICATION ARTIFICIELLE

> Quelques médecins considèrent la glace
> comme un puissant sédatif. C'est un ra-
> fraîchissant et un tonique des plus utiles
> dans les pays chauds.

Tout le monde connaît les usages de la glace ; on sait
qu'elle garantit les corps organisés de la putréfaction. L'al-
tération d'une substance organique exige une certaine chaleur, et la fermentation devient impossible au-dessous d'une
certaine température. L'emploi de la glace mise en morceaux
autour des viandes fraîches, des poissons, etc., permet donc
de conserver ces comestibles pendant plusieurs jours, et
quand la température est inférieure à celle de la glace fon-
dante, la durée de la conservation est beaucoup plus considérable encore. En Russie et dans les régions sibériennes, on
tue au commencement de l'hiver les bestiaux destinés à l'alimentation ; on les gèle, le froid les conserve pendant longtemps, et on économise ainsi la nourriture qu'il aurait fallu
leur fournir pendant les mois de l'hiver. Dans les pays du
Nord, au Groënland, dans le détroit de Davis, les navires anglais qui vont à la pêche des phoques exposent la chair de
bœuf à l'air atmosphérique glacé ; ils peuvent ainsi se nourrir de viande fraîche pendant toute la durée d'un long voyage.

On a trouvé en Sibérie des éléphants fossiles, des mammouths, admirablement conservés dans la glace ; les cadavres de ces animaux antédiluviens, emprisonnés dans une enveloppe glacée pendant des milliers de siècles, présentaient une chair aussi fraîche que celle de la bête qui vient de tomber sous le plomb du chasseur.

L'art culinaire fait encore un emploi journalier de la glace

Fig. 70. — Sorbetière.

pour préparer des boissons rafraîchissantes, pour fabriquer des sorbets, d'une consommation si considérable pendant les chaleurs de l'été. On emprisonne dans une *sorbetière* les jus de fruit et les crèmes qu'on fait geler, en les plongeant dans un mélange réfrigérant de glace pilée et de sel (*fig.* 70). La médecine, enfin, trouve dans la glace un précieux remède contre certaines maladies, un tonique, un répercussif contre les vomissements. On comprend donc tout l'intérêt que présente la fabrication artificielle de l'eau solide qui nous est généralement apportée, à grands frais, par les navires

qui reviennent des pays froids, des côtes glacées de la
Norwége.

Ce n'est pas d'hier seulement que les boissons glacées sont
de mode, et les anciens aimaient boire froid en été tout aussi
bien que les gourmets modernes. Les Romains savaient conserver les neiges et les glaces dans des caves disposées comme
nos glacières, et l'eau de neige était pour eux une boisson
estimée. La nuit, des chariots couverts de paille amenaient
dans l'ancienne capitale du monde la neige des Apennins;
des galères transportaient en Italie la glace de Sicile, bien
préférable à toute autre, au dire des gastronomes d'alors,
parce qu'elle se formait à côté des cratères brûlants où bouillonne la lave. Un temple avait été dressé pour conserver la
neige pendant l'été, et les prêtres de Vulcain tiraient de son
débit un bénéfice énorme. Les prêtres chrétiens, plus tard,
conservèrent ce précieux usage; et l'évêque de Catane, à la
fin du siècle dernier, trouvait 20,000 francs de revenu par an,
dans l'exploitation d'un amas de neige qu'il possédait sur
l'Etna.

Aujourd'hui, comme du temps des Grecs, le Caucase et
l'Oural alimentent l'Orient; la glace, emballée dans des
étoffes de feutre, enveloppée dans de la paille, se transporte
à dos de cheval. En France, la consommation de la glace n'est
pas encore considérable, mais aux États-Unis elle atteint d'é-
normes proportions. Recueillie pendant l'hiver sur les lacs immenses du Canada, elle est taillée comme la pierre au moyen
de scies et transportée à Boston, où des navires la font voyager aux Antilles, au Cap, aux Indes et jusqu'en Australie.
La seule ville de Boston consomme par an cent mille tonnes
de glace, et 4,000 ouvriers sont attachés à cette branche de
commerce.

La Norwége est la glacière de l'Europe, elle en fournit aux
pays du Midi et souvent à Paris, quand l'eau de la Seine et des
lacs du bois du Boulogne a été figée à peine par l'action d'un
hiver trop clément.

APPAREIL GOUBAUD. — GLACIÈRE DES FAMILLES

Pour convertir en glace un certain volume d'eau, il faut
refroidir cette eau ou, en d'autres termes, lui soustraire de
la chaleur. Le froid n'est pas, comme on l'a supposé pendant
longtemps, un agent physique particulier, dont les propriétés
seraient opposées à celles de la chaleur ; par lui-même, il

Fig. 71. — Appareil Goubaud.

n'a rien d'absolu, et on dit qu'un corps est froid quand on le
compare à un corps plus chaud. Comment refroidir artificiellement l'eau qu'on veut congeler ? Comment lui soustraire de la chaleur ? Rien n'est plus simple, en mettant à
profit les lois de la physique. On sait que lorsqu'un corps

change d'état, quand il passe de l'état solide à l'état liquide,
ou de l'état liquide à l'état gazeux, il absorbe de la chaleur
au corps avec lequel il est en contact, et par conséquent le
refroidit. Versez une goutte d'éther sur votre main, le liquide
disparaîtra à vos yeux, il se volatisera, il passera subitement

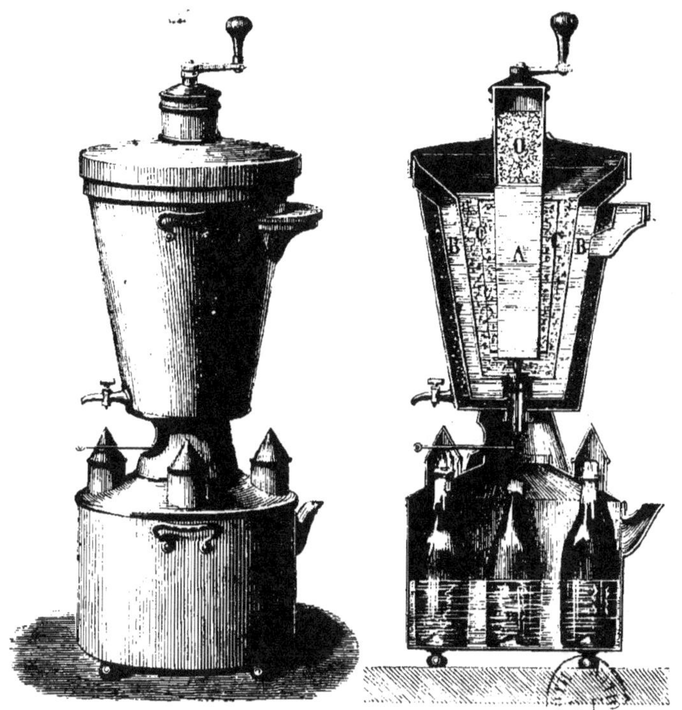

Fig. 72. — Glacière des familles.

de l'état liquide à l'état gazeux; mais en se volatilisant ainsi,
il absorbera de la chaleur à votre main et vous serez impres-
sionné par une vive sensation de froid. Jetez dans un verre
d'eau une poignée de nitrate d'ammoniaque, le sel fondra
par l'agitation; de solide il deviendra liquide : à ce changement d'état correspond un abaissement de température très-
sensible. Eh bien, ces expériences si simples sont la base
fondamentale des appareils réfrigérants.

Voici un système de cylindres (*fig.* 71) en fer-blanc, disposé dans une cuve en bois, de manière à tourner autour d'un axe mû par une manivelle. Nous versons dans ces cylindres l'eau à congeler. La cuve extérieure est pleine d'eau dans laquelle nous jetons 1 ou 2 kilogrammes de nitrate d'ammoniaque; le sel en se dissolvant absorbe de la chaleur aux cylindres avec lesquels il est en contact et à l'eau qu'ils renferment; si nous tournons la manivelle de manière à faire rapidement fondre le sel par l'agitation produite au moyen de palettes métalliques hélicoïdales, nous ne tarderons pas à trouver des blocs de glace dans les cylindres primitivement remplis d'eau.

C'est sur le même principe que repose la glacière des familles (*fig.* 72). Plusieurs boîtes concentriques sont alternativement remplies d'eau et de mélange réfrigérant[1]; l'eau située en A et en B est entourée du mélange frigorifique C, O. elle se transforme en glace assez rapidement; à la partie inférieure de l'appareil, une soupape ouverte par un petit levier donne issue à l'eau de fusion de la glace, elle tombe dans une cuvette où sont placées des bouteilles de vin, bientôt *frappées* par l'action du froid.

---

[1] Voici quelques compositions de mélanges réfrigérants :

Sel marin.	1 partie	de + 10° à — 12°
Glace pilée.		
Eau.	10 —	
Sel ammoniaque.	5 —	de + 10° à — 16°
Salpêtre.	7 —	
Eau.	1 —	
Nitrate d'ammoniaque. . . .	1 —	de — 10° à — 10°
Sulfate de soude.	8 —	
Acide chlorhydrique.	5 —	de + 18° à — 17°

L'emploi des acides, toujours désagréable ou dangereux, doit être évité ; il est préférable de se servir du nitrate d'ammoniaque; quand la solution n'est plus froide, on l'évapore et on retrouve ainsi le sel qui peut servir à une nouvelle opération.

APPAREILS CARRÉ

Les appareils que nous venons de décrire laissent beaucoup à désirer et la pratique ne répond pas aux promesses de la théorie. Bien autrement merveilleux est celui qu'il nous reste à décrire : il se compose d'un cylindre, mis en communication par deux tubes, avec un vase tronconique où se trouve ménagée une cavité centrale. L'appareil, clos de toutes parts, est muni d'un thermomètre qui, sans communiquer avec l'intérieur du cylindre, indique sa température (*fig..73*).

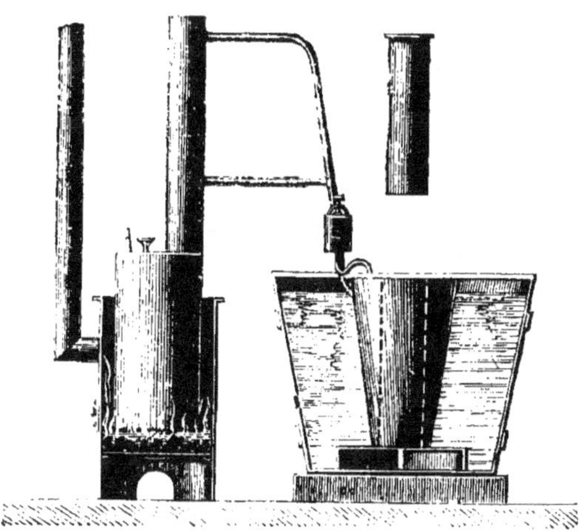

Fig. 73. — Appareil Carré.

Nous chauffons d'abord le cylindre, tandis que le vase tronconique central plonge dans l'eau froide d'une grande cuve : dans sa cavité centrale on a placé un cylindre métallique rempli d'eau. Quand le thermomètre marque 130°, on remplace le fourneau par une cuve d'eau; le vase tronconique se refroidit sensiblement et bientôt on retire de sa cavité un bloc de glace.

On produit ainsi la glace avec quelques morceaux de char-

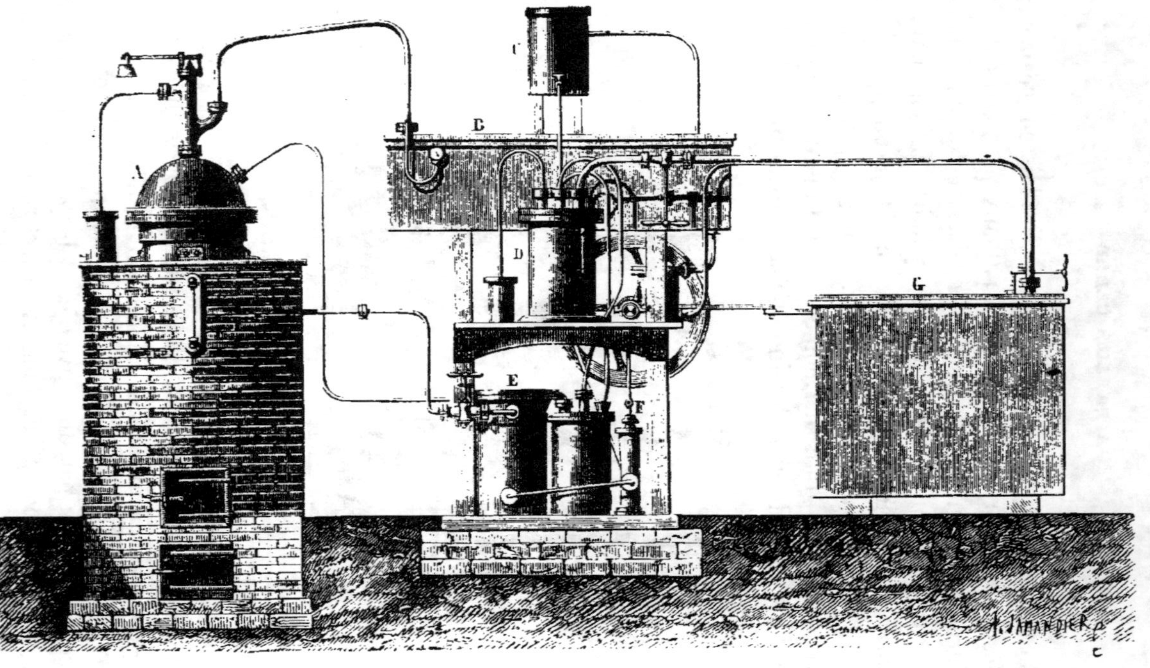

Fig 74. Grand appareil Carré pour la fabrication de la glace.

bon ; et l'appareil, après avoir fonctionné, est tout prêt à recommencer la fabrication, sans qu'il soit nécessaire de rien y changer. Il suffirait de chauffer de nouveau le grand cylindre.

Comment fonctionne cet appareil ? c'est ce que nous devons expliquer. Son mécanisme est extrêmement simple : le cylindre renferme une dissolution de gaz ammoniac dans l'eau. Quand on chauffe, le gaz s'échappe du liquide, il passe dans le récipient tronconique, après avoir cheminé à travers les tubes de communication. Mais, arrivé là, il ne trouve aucune issue ; cependant la chaleur dégage continuellement de l'eau des nouvelles quantités de gaz ammoniac qui s'accumule ainsi et ne tarde pas à être soumis à une pression considérable ; il se liquéfie. C'est alors que l'on plonge le cylindre générateur dans une cuve froide. Ainsi refroidie, l'eau est capable de dissoudre de nouveau le gaz ammoniac. Le gaz liquéfié dans le récipient reprend l'état gazeux, et à ce changement d'état correspond une absorption de chaleur aux dépens de l'eau contenue dans la cavité centrale de ce récipient ; cette eau refroidie se transforme en glace.

On voit combien est simple cet appareil et combien est ingénieux son mécanisme, qui laisse bien loin derrière lui tous les systèmes antérieurs. Toutefois, il est susceptible de perfectionnements, comme l'a prouvé son inventeur, M. Carré ; il ne fournit en raison de ses modestes dimensions, que des quantités très-limitées de glace, il ne fonctionne pas d'une manière continue et ne peut pas servir aux besoins de l'industrie. Un appareil à fabrication continue, construit sur une échelle beaucoup plus vaste, a résolu complétement ce problème si important de la formation artificielle de la glace, ou, ce qui revient au même, de la production du froid. Une grande chaudière A (*fig.* 74) contient la solution ammoniacale ; le gaz s'échappe et se liquéfie dans un récipient B, refroidi par l'eau qui tombe d'un réservoir C. Le liquide ammoniac pénètre dans les parois creuses du réfrigérant G où l'on

place des cylindres remplis de l'eau à congeler ; pendant ce
temps, une disposition particulière permet à l'eau épuisée de
la chaudière de pénétrer, après s'être refroidie, dans un vase
E, mis en communication avec le cylindre D où distille l'ammoniaque volatilisée dans le réfrigérant. Le liquide primitif
ainsi régénéré est transporté dans la chaudière au moyen
d'une pompe F [1]. Cet appareil fonctionne avec une grande régularité, et c'est merveille de voir sortir du réfrigérant des
blocs de glace qui se forment comme par enchantement sans
qu'aucun agent visible révèle leur production [2].

[1] La description complète des nombreux organes de cet appareil
exige un développement dans lequel nous ne pouvons entrer. Voir, pour
plus de détails, le *Rapport de M. Pouillet : Bulletin de la Société d'en-
couragement*, 1863.

[2] Dans ces derniers temps on a imaginé un nouvel appareil très-ingénieux pour frapper les carafes. C'est une véritable machine pneumatique portative qui permet de faire le vide au-dessus du niveau de l'eau
contenu dans la carafe. Le liquide entre en ébullition, la vapeur dégagée
est absorbée par de l'acide sulfurique, l'eau se solidifie en une minute
environ. Il est probable que d'ici peu l'industrie aura utilisé d'une façon
complète quelques - uns de ces ingénieux appareils, pour créer une véritable fabrication de glace.

CHAPITRE IV

LES EAUX MINÉRALES

Il se trouve en certaines localités des eaux tièdes ou fraîches, qui par leurs qualités annoncent les secours qu'on en peut tirer dans les maladies, et qui semblent ne sortir de terre que pour le seul usage des hommes.

PLINE.

LES ERREURS POPULAIRES

Rien n'a plus exercé la verve des faiseurs de contes invraisemblables que les sources et les eaux minérales ; le lecteur peut en juger par tous les faits miraculeux empruntés aux auteurs anciens, véritables interprètes de la crédulité populaire.

D'après Théophraste, l'eau du Crathis, fleuve situé dans la Grande-Grèce, blanchissait les bestiaux qu'elle désaltérait. D'après Ovide, Vibius Sequester, Antigonus, les eaux du Sybaris teignaient les cheveux en jaune doré :

Electro similes faciunt auroque capillos.

OVIDE.

Les bergers qui voulaient avoir des brebis blanches les menaient boire au fleuve Aliacmon ; ceux qui les voulaient noires ou brunes les désaltéraient dans l'onde de l'Axius. L'eau de l'Alcos faisait pousser des poils sur le corps. Dans la Béotie, près du temple de Trophonius, il y avait, vis-à-vis du fleuve Orchomène, deux fontaines, dont l'une avait la propriété d'augmenter la mémoire et l'autre de la faire perdre; elles en ont tiré leur nom : la première s'appelant *Mnemosine*, la seconde *Léthé*.

Varron rapporte que, près de Cessus, coulait un ruisseau nommé *Nous* (en grec, intelligence), dont l'eau donnait de l'esprit, et qu'au contraire il y avait dans l'île de Céos une source dont l'eau rendait stupide. Il en était une autre, à Zama, qui donnait à la voix humaine une force et un ton admirables [1].

L'eau du Lynceste, en Thrace, causait une douce ivresse, et au contraire, d'après Eudoxe, l'eau du Clitorius dégoûtait du vin. Théopompe, l'auteur célèbre des *Merveilles de la nature*, cite encore de nombreux exemples d'eaux qui enivrent. Mucien va plus loin : il affirme sérieusement que, dans l'île d'Andros, une fontaine consacrée à Bacchus fournissait du véritable vin à certaines époques de l'année. — A Cyzique, la fontaine de Cupidon guérissait de l'amour. — Crésias écrit, et Antigonus de Caryste confirme le fait, qu'il y avait dans l'Inde un étang nommé *Side*, à la surface duquel rien ne pouvait surnager, pas même une feuille morte. — Les parjures ne pouvaient supporter l'action des eaux du fleuve Olachas en Bithynie; ils y étaient brûlés comme dans de l'huile bouillante. — Certaines eaux, dans la Thrace, tuaient instantanément ceux qui en avaient bu. — A croire Vibius Sequester, quand on s'était baigné plusieurs fois dans le lac Triton en Thrace, on était métamorphosé en oiseau. — Les habitants de Lycie, d'après Pline, consultaient la fontaine de Limyra sur les événements futurs, en jetant à manger aux

---

[1] Vitruve, liv. VIII, ch. IV. Agricola explique cette propriété; il prétend qu'elle est due à la *sandaraque* contenue dans l'eau!

poissons qu'elle nourrissait. Quand la réponse était favorable, les poissons saisissaient promptement leur proie ; dans le cas contraire, ils repoussaient avec la queue ce qui leur était offert.

A Colophon, se trouvait une fontaine qui donnait aux buveurs de son eau la faculté divinatoire ; mais elle abrégeait en même temps leur existence. Cette source était située dans l'antre consacré à Apollon Carien, et Tacite nous rapporte que Germanicus y reçut l'avis prophétique de sa mort prématurée.

Les sources Hippocrène et Castalie inspiraient les poëtes. — La fontaine de Diodone révélait l'avenir par le doux murmure de ses eaux et une vieille prêtresse constamment assise sur ses bords savait interpréter et traduire ce langage mystérieux[1].

La source de Patras fournissait des pronostics certains au sujet des malades. Un miroir devait être placé à la surface de ses eaux, et après une invocation aux dieux, l'image du malade apparaissait ; on le voyait mort ou vivant, suivant l'issue de la maladie[2]. La fontaine d'Apone, près de Padoue, avait une grande renommée chez les anciens, qui la consultaient fréquemment. Quelques dés à jouer étaient jetés dans ses eaux transparentes, et le point obtenu formulait une réponse[3].

Ce n'est pas seulement à la Grèce et à l'Italie anciennes que l'on peut emprunter le récit de ces erreurs et de ces superstitions ; les légendes du moyen âge, les traditions populaires de tous les temps, de tous les pays, abondent en semblables histoires. Un grand nombre d'entre elles se sont même perpétuées jusqu'à nous, et les paysans arriérés de quelques contrées vous raconteront encore, avec une certaine émotion, telle légende dont ils rejettent avec peine l'authenticité ; mais

[1] Servius, liv. III, 66.
[2] Pausanias. VIII, 29.
[3] Suétone, *Tibère*, ch. xiv.

17

l'eau pure de nos fontaines, le miroir de nos lacs, ne recèlent
plus de semblables prodiges ; la source où puisaient les anciens est tarie pour nous, ou plutôt ses eaux ne font plus
entendre le même murmure. Adieu, douces naïades, timides
nymphes qui vous cachiez sous les roseaux ; adieu, gracieuses
ondines : charmantes divinités des eaux, nous ne vous re-
verrons plus. Touchante poésie de la Fable, rêves ingénieux
de l'imagination, votre règne est à jamais passé !

LES INCERTITUDES DE LA SCIENCE

Les extrêmes se touchent. A la crédulité exagérée devait
succéder un scepticisme outré. Après avoir admis trop facilement les faits les plus merveilleux, on est arrivé à nier
complétement l'action bienfaisante des eaux minérales.

De nos jours cependant, on est revenu à des opinions plus
raisonnables, et personne ne met en doute l'efficacité des
sources dans un grand nombre de maladies. C'est toutefois
une opinion généralement assez répandue, et peut-être assez
juste, que cette efficacité des eaux est due en grande partie
aux distractions d'un voyage agréable, à la salubrité du pays,
où la santé serait *contagieuse* comme la maladie peut l'être
ailleurs. Il est évident, en effet, que le temps d'oubli et de
repos que s'assure l'homme social, agité par une foule de
passions artificielles ou naturelles, doit endormir ou cicatriser
les plaies de l'âme, et par contre réagir sur le physique ;
mais une fois cette part faite à l'action qui n'est pas thérapeutique de la source minérale, il faut reconnaître que certaines eaux ont une efficacité réelle, efficacité qui se trouve
attestée par les animaux eux-mêmes, chez lesquels on ne peut
avoir recours à l'action de l'imagination.

Comment les eaux minérales agissent-elles? Sans doute par
les sels qu'elles renferment, mais il y a encore beaucoup d'in-
certitude sur cette question délicate. L'analyse d'une eau mi-

ménérale est, pour le chimiste, un problème difficile à résoudre;
il peut retirer d'une eau des acides carbonique, sulfurique,
silicique, etc., du chlore, de l'iode, de la potasse, de la
soude, de la magnésie : mais comment ces principes sont-
ils unis entre eux ? C'est ce qu'il ne peut savoir en toute certitude. Il a bien entre les mains les matériaux disjoints de
l'édifice, mais comment ces matériaux sont-ils associés et
groupés? S'il le savait, ne trouverait-il pas qu'il existe, entre
une eau et les principes qu'elle renferme, une relation qui
permet dedéduire à l'avance ses propriétés médicales? Il n'en
est nullement ainsi, et l'observation vient presque toujours
donner un démenti aux déductions de la théorie; il n'existe
presque jamais de liaison constante entre l'analyse chimique
d'une source et ses effets thérapeutiques. Les eaux minérales
agissent par de faibles doses ; ce sont des remèdes homœo-
pathiques dont l'action échappe aux investigations de la
science ; leur composition, d'ailleurs, n'est pas encore bien
connue, parce qu'elles contiennent généralement des substances organiques non définies que la chimie n'a pas encore
étudiées. Telle source renferme 5 centigrammes de fer seulement par litre, et agit cependant avec plus d'efficacité que
toutes les préparations officinales. Là où les médecins voient
ces préparations échouer, ils peuvent voir ces sources produire des effets inattendus ; cependant le malade n'a bu que
quelques verres d'eau par jour, il n'a pris peut-être que la
centième partie d'un gramme de fer !

Il y a dans la source, nous le répétons, autre chose que
l'élément minéral tenu en dissolution, il y a une matière organique souvent abondante : on l'a presque toujours laissé
de côté, mais à tort selon nous, et c'est peut-être là que réside l'action thérapeutique qu'on cherche ailleurs. « Une eau
minérale, comme l'a très-bien dit M. le Dr Constantin James [1], n'est pas une dissolution saline ordinaire; c'est un

____

[1] *Guide pratique des eaux minérales*, par le docteur C. James (1 vol.

breuvage à part qui a ses éléments propres et sa saveur spéciale, que la nature a fabriqué par une sorte de chimie occulte, et dont elle s'est jusqu'à présent réservé la recette ? la connût-on, qu'il resterait la difficulté de l'appliquer. Or, je crains bien que, de longtemps encore, nous n'en soyons réduits à accepter pour devise ces paroles si vraies et tant citées, de Chaptal : « Quand on analyse une eau minérale, on dissèque un cadavre. »

CLASSIFICATION

D'après ce qui précède, on comprendra les difficultés d'une bonne classification des eaux minérales. On a proposé plusieurs classifications différentes, d'après l'élément chimique prédominant, et le tableau ci-contre est extrait de l'*Annuaire des eaux de la France*. Mais, pour donner les caractères des sources, nous prendrons pour guide M. Chevreul, qui divise les eaux minérales d'une manière plus simple en quatre classes distinctes :

1° Les *eaux gazeuses* contiennent de l'acide carbonique en dissolution; quand elles arrivent au contact de l'air, une grande partie du gaz dissous se dégage et produit des bulles analogues à celles de l'eau de Seltz artificielle. — Les eaux gazeuses sont thermales ou froides.

L'eau de la Bourboule, sur la rive droite de la Dordogne, jaillit au milieu d'un ancien bain romain; elle renferme, par kilogramme, 1 lit, 257 d'acide carbonique libre, et 6 gr, 114 de principes fixes. Saint-Galmier, Seltz, Ems, Wiesbaden, sont encore des exemples célèbres d'eaux gazeuses naturelles. Ems est l'un des établissements les plus en vogue des bords du Rhin. Les sources très-nombreuses y sont gazeuses et alca-

Victor Masson, éditeur). Nous avons puisé un grand nombre de renseignements dans cet excellent ouvrage.

Fig. 75. — Plombières. Thermes Napoléon.

lines ; elles renferment $0^{gr},606$ d'acide carbonique par kilogramme. Elles contiennent, en outre, un peu de fer, et quelques sels à base de chaux et de magnésie. Ces eaux se
prennent presque toujours en boisson ; cependant on les recommande parfois pour l'usage externe et elles ont été vantées contre la stérilité. Gerning nous rapporte qu'Agrippine
fréquenta souvent les eaux d'Ems et que c'est à ces sources

Fig. 76. — Source de la Grande-Grille à Vichy.

minérales qu'appartient peut-être le triste honneur de la naissance de Caligula.

2° Les *eaux salines* peuvent être gazeuses et thermales.
L'eau de Plombières, rangée dans cette classe, est thermale
et ne renferme qu'une petite quantité de matières salines :
$0^{gr},537$ par litre, formées de bicarbonates alcalins, de bicar-
bonate de fer, de sulfate de soude, etc. Plombières (*fig.* 75)
est situé dans une vallée profonde traversée dans toute sa

CLASSIFICATION

D'APRÈS L'ÉLÉ

CLASSES.		GENRES.	ESPÈCES.
EAUX. . . .	CARBONATÉES. . . .	A base de soude. . .	. . . .
		A base terreuse. . . .	Non ferrugineuses. . .
			Ferrugineuses. . . .
	SULFURÉES ET SULFATÉES. . . .	A base de soude. . .	Sulfurées ou sulfureu proprement dites.
			Sulfatées, sulfureu et dégénérées. . .
		A base de chaux. . .	Sulfatées simples. .
			Sulfatées et sulfurées.
		A base de magnésie. .	Sulfatées. . . . . . .
		A base de fer.	Sulfatées. . . . . . .
	CHLORURÉES. . . .	Toutes à bases de soude.	Simples. . . . .
			Iodurées. . . . . . .

... MINÉRALES

... E PRÉDOMINANT

...ERMALITÉ.	RÉGIONS DE LA FRANCE OU SE TROUVE LEUR GISEMENT PRINCIPAL	EXEMPLES.
...bales.	Massif central.	Vichy, Saint-Alban, Châteauneuf.
...es.	Massif central.	Vals, Pontgibault, Soultzbach.
...s froides. . .	Toutes les régions et principalement les plaines du Nord et du Midi et les massifs du N.-E. et du N.-O.	Châteldon, Saint-Pardous, Orezza (Corse), Foncaude.
...s thermales. .	Pyrénées, Alpes et Corse. . . .	Baréges, Cauterets.
...males.	Pyrénées, Alpes et Corse. . . .	Saint-Gervais en Savoie.
...es.	Pyrénées, Alpes, plaines du Midi.	Miers, Préchac.
...males.	Pyrénées, Alpes, plaines du Midi.	Bagnères-de-Bigorre, Sainte-Marie.
...des.	Les deux régions de plaines, principalement celles du Midi. . .	Propiac, Fio (Lot).
...males.	Pyrénées, plaines du midi. . .	Cambo, Castéra-Ver-Juzan,
...des.	Plaines du Nord.	Enghien.
...males.	Rares en France.	Saint-Aimand, Louesch (Suisse).
...des.	Rares en France.	Sedlitz, Pullna (Bohême).
...es froides. .	Rares en France.	Cransac, Passy.
...rmales.	Vosges.	Forbach, Soultz-les-Bains,
...des.	Jura et Haute-Saône.	Balaruc, Availle,
...rmales.	Alpes.	Tercis, Jouhe,
...des.	Pyrénées.	Eau de mer.

longueur par un torrent, l'Eau Croune ; les eaux de ses sources sont généralement cachées aux regards et protégées par
une voûte. Le *bain Romain*, situé au centre de la ville sur
l'emplacement d'une piscine romaine, le *bain Napoléon*, un
des principaux édifices de la ville, sont célèbres et attirent
un grand nombre de baigneurs affectés de maladies de l'in-
testin, de névroses, de névralgies sciatiques, de rhumatismes
ou de goutte, qui viennent y chercher l'espérance d'une
prompte guérison.

Bagnères-de-Bigorre, Bourbonne-les-Bains, Nères et Vichy
nous offrent encore les exemples des sources salines et thermales. Les eaux si célèbres de Vichy sont les plus fréquentées
non pas seulement de la France, mais du monde entier. Ce
n'est certainement pas ici une affaire de mode, car jamais réputation n'a été basée sur des titres aussi sérieux ; que de
malades ont été puiser avec succès à la source de la *Grande-
Grille !* (*fig.* 76) Madame de Sévigné, on s'en souvient sans
doute, aimait beaucoup Vichy : « Le pays seul me guérirait, »
écrivait-elle à sa fille, admirant ainsi des paysages assez ordinaires.

Toutes les sources de Vichy sont alcalines ; elles sont gazeuses et thermales, et renferment une énorme proportion de
matières minérales : 7^{gr}, 299 par litre, formées de bicarbo-
nate de soude, sulfate de soude, chlorure de sodium, carbonate de chaux et de magnésie, silice et peroxyde de fer. On
doit à Vichy des cures merveilleuses contre les maladies des
voies digestives, la gravelle, la goutte, le diabète sucré, et les
maladies de la peau, etc.

5° Les *eaux ferrugineuses* sont douées d'une saveur styp-
tique analogue à celle de l'encre ; soumises au contact de
l'air, elles abandonnent un dépôt floconneux de peroxyde de
fer hydraté. Presque toutes renferment de petites quantités
d'arsenic ; du cuivre, du plomb, de l'étain, de l'antimoine,
substances hautement vénéneuses qui semblent être des médicaments précieux , quand on en prend seulement à faibles

doses. Lorsqu'on a signalé, pour la première fois, la présence de l'arsenic dans l'eau de plusieurs sources naturelles, cette nouvelle jeta quelque inquiétude chez les baigneurs ; mais ces craintes doivent s'effacer, car la dose d'arsenic dans les eaux est extrêmement faible, et son union avec la chaux ou le fer en atténue sensiblement les propriétés. Ce qui prouve d'ailleurs l'innocuité de l'arsenic à faibles doses, c'est l'usage prolongé et salutaire des eaux de Dussang, de Vichy, etc., qui en contiennent. Il est même remarquable que les sources dont l'efficacité est renommée depuis des siècles sont précisément celles qui renferment de l'arsenic ; la nature, par d'admirables combinaisons, sait ainsi parfois métamorphoser les poisons en remèdes.

Les eaux de Porla, en Suède, de Spa, en Belgique, de Cransac et de Foyes, en France, renferment de notables proportions d'oxyde de fer, uni aux acides crénique, carbonique ou sulfurique. Toutes les eaux ferrugineuses possèdent à peu près les mêmes vertus. Leur action est essentiellement fortifiante ; elles facilitent la digestion, rendent le sang plus pur, déterminent dans l'économie une véritable transmutation salutaire et féconde.

4° Les *eaux sulfureuses* renferment des sulfures solubles et principalement du sulfure de sodium (Bagnères-de-Luchon, Baréges), quelquefois du sulfure de calcium (Enghien). Elles sont thermales et se décomposent facilement au contact de l'air. Dans le pays des Mormons, il existe une source sulfureuse remarquable, tellement chaude qu'elle bouillonne sans cesse, et lance dans l'air des nuages de fumée (*fig.* 77). Les eaux de Baréges, si réputées, contiennent seulement 0^{gr}, 04 de sulfure de sodium par litre ; elles agissent contre les entorses, les cicatrisations incomplètes, les roideurs articulaires, les engorgements ou fractures et luxations. Elles sont souveraines dans le traitement des vieilles blessures ; ce sont, comme on aurait dit au temps de Rabelais, de véritables eaux *d'arquebusade*.

La renommée de Baréges est due à madame de Maintenon, qui y conduisit le duc du Maine en 1675. Le jeune prince était lymphatique, pied-bot, et les eaux sulfureuses fortifiè-

Fig. 77. — Source sulfureuse dans le pays des Mormons,

rent sa constitution sans guérir son infirmité. Ce fut le célèbre médecin Fagon qui découvrit les bains de Baréges, alors qu'ils étaient fréquentés seulement par quelques paysans ; il en conseilla l'usage au duc du Maine. « M. Fagon, écrivait le jeune duc à madame de Montespan, m'échauda hier au petit bain. Je me baigne aux bains les jours qu'il fait frais, et dans ma chambre les jours qu'il fait chaud. »

LE TRAITEMENT

« Quand vous arrivez aux eaux, faites comme si vous en-
triez dans le temple d'Esculape, laissez à la porte toutes les
passions qui ont agité votre âme ou tourmenté votre esprit[1]. »
Une fois arrivé, fuyez toute imprudence, ne dépassez pas les
doses prescrites, comme l'ont souvent fait les malades de
tous les temps, puisque Pline s'en plaignait déjà. « Bon nombre de malades, dit-il, se font gloire de rester plusieurs heures de suite dans des bains très-chauds, ou de boire de l'eau
minérale outre mesure, ce qui est également dangereux. »
Menez une vie douce, calme, tranquille; baignez-vous, buvez
avec modération, et l'eau fera sentir peu à peu son action
bienfaisante; vos maux se dissoudront dans le précieux liquide, vos forces se ranimeront.

On soumettait autrefois les malades qu'on envoyait aux
eaux à un terrible traitement préliminaire. L'illustre Boileau
nous le montre dans une lettre à Racine (21 juillet 1687) :
« J'ai été purgé, saigné, dit l'auteur de *l'Art poétique;*
il ne me manque plus aucune des formalités prétendues
nécessaires pour prendre les eaux. La médecine que j'ai
prise aujourd'hui m'a fait, à ce qu'on dit, tous les biens du
monde, car elle m'a fait tomber quatre ou cinq fois en fai-
blesse, et m'a mis en état qu'à peine je me puis soutenir.
C'est demain que je dois commencer le grand œuvre, je veux
dire que demain je dois commencer de prendre les eaux. »
Pauvre Boileau ! vous allez voir qu'il prévoyait bien ce que
lui réservait le *grand œuvre.* Dans d'autres lettres, il nous
apprend, en effet, « qu'il prend, tous les matins, douze ver-
rées d'eau, plus pénibles à rendre qu'à avaler, lesquelles lui

[1] Alibert.

ont, pour ainsi dire, tout fait sortir du corps, sauf la maladie
pour laquelle il les prend. »

Grâce au ciel, nos médecins ne ressemblent plus aux contemporains de Boileau, à ceux-là dont parle Molière ; aussi
les cures dues aux eaux minérales sont-elles plus fréquentes.
Soyons donc reconnaissants envers ces admirables médicaments naturels, qui peuvent nous donner le plus grand de
tous les biens, qu'on nomme la santé : « bien précieuse chose,
comme disait Montaigne, et la seule qui mérite, à la vérité,
qu'on y emploie, non le temps seulement, la sueur, la peine,
les biens, mais encore la vie à sa poursuite ; d'autant que
sans elle la vie nous vient à estre pénible et injurieuse ; la
volupté, la sagesse, la science et la vertu, sans elle se ter-
nissent et esvanouissent. »

CHAPITRE V

LES BAINS

A toutes les époques, et chez tous les
peuples, les bains ont été considérés
comme un puissant moyen d'hygiène.

Docteur CONSTANTIN JAMES.

La célèbre Médée, qui, du temps des Argonautes, étonna la
Grèce entière par les prodiges que lui faisait accomplir l'art
de la magie, dut une partie de ses succès au talent qu'elle
avait de rajeunir les vieillards. Au dire de Philéphate et de
quelques auteurs anciens. elle arrivait à ces merveilleux résultats par l'emploi de bains d'eaux minérales dont elle con-
naissait les propriétés.

Depuis Homère, qui nous représente ses héros se baignant
dans de vastes piscines, jusqu'aux contemporains de la chute
de l'empire romain, qui fréquentaient les thermes où se trouvaient accumulées toutes les recherches d'un luxe effréné, la
pratique des bains a toujours joué un rôle important dans les
usages de l'antiquité. On se rappelle les piscines des Spar-
tiates, les bains d'Athènes, dont Lucien nous donne une description complète [1]. On connaît enfin les bains et les thermes
des Romains, dont nous parlent si fréquemment les auteurs
latins, et dont on a retrouvé les vestiges si bien conservés à

---

[1] Consulter aussi Pausanias, t. VI, ch. XXIII.

Pompéi (*fig.* 78). Sénèque, Lucain nous étonnent encore, au
récit du raffinement qui caractérisait ces établissements publics. Aucune des entrées n'était directe; les baigneurs étaient
ainsi préservés du contact de l'air et des indiscrétions du dehors. Deux portes conduisaient à l'*atrium*, entouré de portiques aux colonnes gracieuses sous lesquels les nombreux bai-

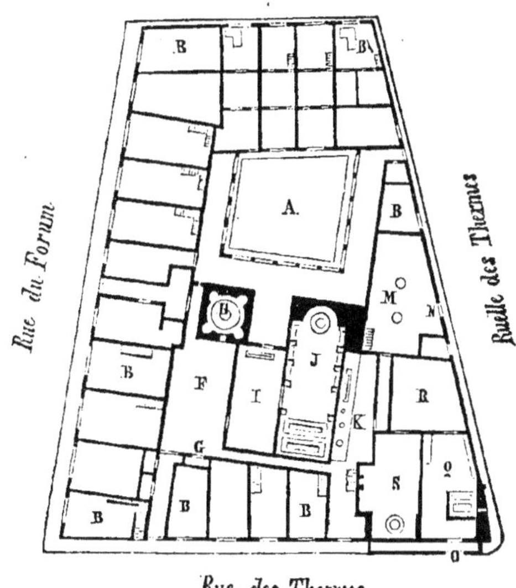

Fig. 78. — Plan des bains de Pompéi.

A, atrium; — B, B, boutiques; — F, spoliatorium; — G, unctuarium; — H, frigidarium; — I, tepidarium; — J, caldarium; — K, hypocauste; — M, cour; — O, porte
d'entrée de bain des femmes; — Q, spoliatorium et frigidarium; — R, tepidarium; —
S, caldarium.

gneurs attendaient agréablement leur tour d'entrée[1]. De l'*a-
trium* on pénétrait dans la salle nommée *spoliatorium* ou
apodyterium, dans laquelle les esclaves, *capsarii*, déshabil-
laient les baigneurs et prenaient soin de surveiller les vête-
ments et les objets précieux. Un cabinet voisin, l'*unctuarium*,

---

[1] Vitruve. D'après cet auteur, les portiques constituent une des parties
essentielles des thermes.

il était destiné à se parfumer le corps au moyen d'huiles et d'essences aromatiques.

Nous n'en finirions pas s'il fallait énumérer toutes les dispositions imaginées par un esprit immodéré de luxe et de bien-être ; s'il fallait décrire en détail le *frigidarium*, salle aux bains froids, le *baptisterium*, piscine de marbre blanc, entourée de gradins où s'asseyaient les baigneurs, le *tepidarium*, espèce d'étuve maintenue à une douce température ; s'il fallait enfin parler des épileurs, *alipili*, des masseurs, *tractatores*, des conduits calorifères ménagés sous le pavé, du *labrum*, sorte de vasque de marbre, où l'eau jaillissait d'un ajutoir en bronze, servant à laver le visage et les mains du baigneur qui venait de transpirer dans l'étuve.

« Le bain complet, dit Galien, se compose de quatre parties, différentes par leur action. En entrant dans les thermes, on se soumet à l'influence de l'air chaud ; ensuite on se trempe dans l'eau chaude, puis on se plonge dans l'eau froide, et en dernier lieu on se fait essuyer et frotter. » L'ordre qu'indique Galien a dû être constamment changé par les caprices de la mode, par les fantaisies du jour, et il n'est pas possible de décrire exactement les pratiques de friction, de massage, d'onction, multipliés à plaisir par les descendants efféminés des Romains de la république. Publius Victor, au quatrième siècle, comptait, à Rome, près de neuf cents établissements thermaux, et le nombre des bains allait toujours en augmentant, quand les progrès du christianisme ne tardèrent pas à anéantir un usage qui avait rapidement passé du domaine de l'hygiène dans celui de la débauche. En dépit de l'opinion d'Agathinus, élève d'Athénée[1], qui voyait dans l'usage des bains chauds mille inconvénients funestes, la fréquentation des thermes avait suivi le cours des développements de la société romaine, et elle ne devait périr qu'avec elle.

Frappée longtemps d'un discrédit complet, la régénération

____
[1] Oribase, lib. X, cap. VII.

de l'usage des bains a lieu sous Charlemagne. Les traditions
populaires nous montrent l'empereur d'Occident se baignant
avec toute sa cour dans les piscines d'Aix-la-Chapelle. Au
dire de la légende, c'est à un chien de chasse que serait dû,
chez nous, l'emploi des bains minéraux ; l'intelligent animal
se serait échappé de la meute royale pour se tremper dans une
source éloignée, et, revenant tout ruisselant d'un liquide sulfureux très-odorant, il aurait donné l'idée de mettre à profit
une fontaine demeurée jusque-là sans emploi.

Ce n'est pas seulement dans l'Europe moderne et ancienne
que se trouve l'usage des bains : les Orientaux, les Indiens,
les sauvages de tous les pays, emploient fréquemment les
ablutions et les bains. Pendant la lutte acharnée qu'ils sou-
tenaient contre les chrétiens, les anciens Maures se plongeaient dans les sources qu'ils rencontraient sur leur passage,
et ils s'en procuraient les bienfaits[1].

Averrhoës recommande les bains de vapeur, et son opinion
est formelle au sujet de leur application médicale. Alibert
nous fournit la traduction d'un passage tiré des *Observations
de physique*, de l'ancien empereur *Kang-Hi*, qui ferait supposer que les qualités des eaux minérales étaient depuis longtemps appréciées en Chine. « Rien n'est plus vrai, s'écrie
l'auteur couronné, les eaux thermales sont efficaces pour
guérir plusieurs maladies. » En 1691, cet empereur entreprit
un assez long voyage pour passer quelques mois dans une
contrée, située au nord de Pékin, et célèbre par les bains
d'eaux naturelles qu'on pouvait y prendre.

Les Esquimaux, les Finlandais, les Groënlandais, les Norwégiens, les Samoyèdes, font usage des bains de vapeur,
qu'ils réduisent, il est vrai, aux proportions les plus élémen-
taires. Un trou dans la terre, des cailloux rougis au feu,

---

[1] *Dictionnaire général des eaux minérales.* Durand-Fardel et Le
Bret.

constituent l'étuve et le foyer ; ils se plongent dans cet orifice, et la vapeur, issue de l'humidité du sol chauffé par les
cailloux brûlants suffit pour provoquer une abondante trans-
piration. Le missionnaire Loskiel nous rapporte des faits
analogues chez les peuplades sauvages de l'Amérique du
Nord.

De nos jours encore, chaque peuple fait varier le mode du
bain. Les Russes subissent dans une étuve l'action d'une vapeur très-chaude, et se plongent ensuite sous une douche
d'eau froide ; les Orientaux alternent entre l'eau chaude et
l'eau froide, mais la simple immersion et les douches sont
plus fréquemment employées dans tous les pays.

Le bain ordinaire est la forme sous laquelle se prennent
habituellement les eaux minérales. Il n'y a guère que les
eaux ferrugineuses froides et quelques eaux bicarbonatées
(Saint-Galmier, Saint-Pardoux, etc.) qui soient plutôt usitées
comme boissons de table. Les eaux chaudes, faiblement mi-
néralisées, sont employées presque exclusivement comme
bains (Néris, Bains, Chaudesaigues, etc.); il en est de même
pour les eaux très-minéralisées et non gazeuses (Kreusnach
et Salins).

Outre l'action topique des bains, outre l'absorption considérable de l'eau par le corps humain, on est forcé de reconnaître que les bains minéraux agissent comme médicaments,
par la propre action des substances qu'ils renferment. Toutes
les eaux qui contiennent une quantité notable de matière
organique produisent sur la peau une sensation douce et
onctueuse, qui l'assouplit et la rafraîchit. Les eaux sulfurées
sodiques agissent comme excitants, et produisent des érup-
tions et des irritations sur la surface cutanée. Les bains thermaux donnent au baigneur un sentiment de force et de bien-
être qui caractérise leur emploi ; quant aux bains d'eau douce
et surtout aux bains de mer, ils ne peuvent être mis à profit
que par les tempéraments capables de supporter leur effet

dépressif. Mais n'y a-t-il pas bien dès blâmes à exprimer sur l'emploi du bain ordinaire, et si les Romains en ont abusé, nous n'en usons certainement pas assez. Où sont ces thermes si grandioses, ces piscines, remplis de baigneurs à tout instant de la journée? On les a remplacés par une étroite cellule, par une baignoire mesquine; le son a été substitué aux parfums et aux huiles aromatiques, point de lit de repos, point de frictions, point de massage. Où sont ces salles spacieuses, tempérées, où le baigneur se séchait pour ne pas prendre froid au dehors? Dans tous les bains, aujourd'hui, on subit une transition subite et dangereuse de la chaleur de l'eau au froid de l'air.

BAINS D'EAUX DOUCES ET BAINS DE MER

Les médecins s'accordent tous à recommander l'usage des bains froids, et de tout temps les habitants de Paris ont aimé à s'ébattre dans les eaux douces de leur fleuve, pendant les chaleurs de l'été. A la campagne, quand le soleil darde ses rayons brûlants, le baigneur trouve un repos salutaire dans l'eau des rivières, il se laisse doucement bercer par l'onde, et, suivant une route abritée par des saules touffus, il glisse sur le liquide bienfaisant que son corps absorbe avidement. Dans les villes, l'agrément est moindre, et les établissements de bains qui encombrent la Seine sont d'un usage moins satisfaisant.

Ce n'est pas d'hier que les Parisiens, qui savent se contenter de ce qu'ils ont, encombrent les bains froids; ils y allaient déjà en 1760, et, avant cette époque, ils prenaient leurs ébats en pleine eau. Bassompierre raconte qu'en l'année 1608, la chaleur fut telle, que, pendant plus d'un mois, on comptait par jour plus de quatre mille têtes humaines au-dessus du niveau de la Seine, depuis Charenton jusqu'à l'île Saint-Louis. Dans les étés ordinaires, les baigneurs se plongeaient

Fig. 79. — Une plage de bains de mer. — Biarritz.)

＞ dans l'eau en amont du pont de la Tournelle, et la Bruyère
𝆑 reprochait alors aux grandes dames le plaisir qu'elles pre-
𝆑 naient à diriger de ce côté leurs promenades.

« Autre est le souffle de la mer. De lui-même, il purifie…
Vivre à la mer, c'est un combat, un combat vivifiant pour qui
peut le supporter[1]. »

La première immersion dans la mer est habituellement
pénible, mais bientôt le bien-être qu'on ressent fait oublier
cette sensation ; la natation est si facile, la dépense de force
musculaire si peu appréciable, que le baigneur est tenté de
s'abandonner longtemps aux charmes d'un tel exercice. Il
faut cependant en régler avec soin la durée : le corps rapidement plongé dans l'eau froide est saisi ; la circulation ralentie
ou même partiellement suspendue ne reprend convenablement son cours que si le bain a été de courte durée. Au sortir de l'eau, la réaction commence, la peau se colore, le sang
y afflue et les battements du cœur redeviennent libres. Du
reste, comme l'a dit Galien, il y a plus de mille ans, « l'indication du temps qu'il faut rester dans l'eau se déduit de
l'expérience même. Si, après être sorti du bain, la peau reprend rapidement, par l'effet des frictions, une bonne couleur,
c'est qu'on est resté pendant un temps convenable ; si la peau
se réchauffe difficilement et demeure longtemps pâle, c'est
que le bain froid aura été trop prolongé. Il faut alors en
modifier la durée. »

L'eau de la mer est une véritable eau minérale, extrêmement riche en principes salins ; c'est une source de vitalité
où peuvent puiser les affaiblis, les malades de toute sorte ;
elle renferme dans son sein presque tous les remèdes, presque
tous les médicaments les plus précieux. « Il faut, disait
Russel, boire l'eau de mer et s'y baigner ; » il faut s'en im-
biber pour réparer les défaites de notre corps. Elle a le carbonate de chaux qui peut redresser nos os amollis et chance-

[1] Michelet.

lants ; elle a l'iode qui purifie notre sang ; elle a la chaleur qui s'y trouve concentrée ; elle a surtout ce je ne sais quoi d'inconnu qui pénètre, cette gélatine, ce mucus qui enveloppent les végétaux, les animaux marins, et leur prodigue la force et la vie.

« Tous les principes qui sont en toi, la mer les a divisés, cette grande personne impersonnelle. Elle a tes os, elle a ton sang, elle a ta séve et ta chaleur, chaque élément représenté par tel ou tel de tes enfants. Elle a ce que tu n'as guère : le trop-plein et l'excès de force. Son souffle donne je ne sais quoi d'actif, de gai, de créateur, ce qu'on pourrait appeler un héroïsme physique. Avec toute sa violence, la grande-génératrice n'en verse pas moins l'âpre joie, l'alacrité vive et féconde, la flamme de sauvage amour dont elle palpite elle-même[1]. »

L'HYDROTHÉRAPIE

Il existe en Allemagne une école célèbre qui prétend guérir toutes les maladies par le seul emploi de l'eau : eau froide pour le pansement des plaies ; eaux thermales et minérales ; glace, neige diversement utilisées : telles doivent être les seules armes des médecins pour combattre nos maux. Voilà l'eau transformée en une véritable panacée universelle.

Ce sont sans doute les Sangrados exagérés de cette école qui ont donné une origine allemande à l'hydrothérapie, à cette branche si importante de l'art de guérir, qui n'a cependant guère rien de nouveau que le nom.

Sénèque ne nous dit-il pas en effet que l'eau froide ranime le malade pris de syncope? Homère ne nous montre-t-il pas Patrocle lavant avec de l'eau froide la blessure d'Euripyle? a-t-on oublié Hécube qui réclame à grands cris de l'eau pour

---

[1] Michelet.

claver les blessures de Polyxène? Ces faits ne montrent-ils pas
d'une manière évidente que les anciens employaient l'eau
avec beaucoup de discernement? Les douches leur étaient
connues, et c'est à Rome, au siècle d'Auguste, que l'hydrothérapie prit naissance sous l'heureuse inspiration d'un af-
franchi, Antonius Musa; ce médecin employa l'eau en boissons, en bains, en douches, et il trouva dans ce remède si
simple le secret d'une nouvelle thérapeutique. « Auguste
venait d'être créé consul pour la onzième fois lorsqu'il tomba
très-dangereusement malade. Sentant sa fin approcher, il
assembla les magistrats, les sénateurs et les principaux che-
valiers; puis, après avoir conféré avec eux des affaires de la
république, il remit le sceau de l'empire entre les mains
d'Agrippa. C'est alors qu'Antonius Musa entreprit de le
traiter par un nouveau moyen, et qu'il le guérit en lui ad-
ministrant de l'eau froide à l'intérieur et à l'extérieur. Auguste, plein de reconnaissance, le gratifia d'une forte somme
d'argent, de l'anneau d'or, et lui fit élever une statue près
de celle d'Esculape; de plus, il lui concéda, pour lui et pour
tous ceux qui exerçaient alors et qui exerceraient désormais
la même profession, la noblesse ainsi que l'exemption des
tailles [1]. » Musa ne tarda pas à acquérir une réputation universelle. « O Musa! s'écrie Virgile, qui donc se flatterait de
pouvoir te dépasser en science! » Et voilà l'hydrothérapie
qui remplace les secrets de la thérapeutique. Horace lui-
même se fait bientôt soigner par le célèbre médecin, et le
gracieux poëte, après avoir chanté le falerne, ne pense plus
qu'à trouver la meilleure eau froide; il part pour Vélie, où
Musa lui fait suivre un traitement hydrothérapique; puis il
va prendre les bains sulfureux de Baïa.

Mais la fortune ne devait pas longtemps prodiguer ses fa-
veurs au célèbre Musa. Appelé près du jeune Marcellus, dont
les jours sont en danger, il croit devoir employer sa méthode,

[1] Dion Cassius, *Guide des eaux minérales* du docteur C. James.

il recommande l'eau froide, et Marcellus succombe. Cet évé-
nement porta un coup terrible à l'hydrothérapie et à son inventeur. Le traitement par l'eau froide fut abandonné de tous.
Cent ans après, Charmis, sous Néron, recommença ce qu'avait
fait Musa ; même succès et même enthousiasme : le bain froid
redevint de mode, on en prenait à toute heure du jour. Néron faisait ajouter de la neige dans l'eau de ses bains, et les
bains d'alors étaient bien des bains hydrothérapiques, puisqu'on les faisait souvent précéder d'une forte transpira-
tion : « Nous nous rendîmes aux thermes, dit Pétrone, et
là, nous nous précipitâmes, le corps en sueur, dans l'eau
froide. »

« Charmis, de même que Musa, prescrivait l'eau froide à
l'intérieur aussi bien qu'à l'extérieur, et cela à très-haute
dose. Il fallait, si l'on en croit Pline, en boire avant de se
mettre à table, puis pendant le repas, puis avant de s'endormir ; il fallait même, au besoin, se réveiller pour en boire
encore (*et si libeat somnos interrumpere*). La température
de l'eau ne pouvait jamais être trop basse... L'impulsion
donnée par Charmis se prolongea longtemps après sa mort.
Celse, qui lui survécut, et les successeurs de Celse prescri-
vaient fréquemment l'eau froide, et l'on peut voir dans leurs
écrits les heureuses applications qu'ils savaient en faire
au traitement des malades. L'histoire ne nous dit pas que
l'hydrothérapie ait eu de nouveau son Marcellus. Ce qu'on
sait seulement, c'est que les bains chauds finirent par
remplacer les bains froids, de telle sorte que, de nos jours,
ceux-ci étaient presque entièrement délaissés, lorsque
Priessnitz vint leur donner une vogue extraordinaire : de
ce réformateur date à vrai dire l'hydrothérapie moderne[1]. »

En 1816, un paysan de Silésie, nommé Priessnitz, revenait
de son champ, quand un cheval emporté le renverse, im-
prime ses fers sur son visage et lui brise deux côtes. Il n'y

----

[1] Docteur C. James.

avait pas de médecin dans le petit village de Freiwaldau; Priessnitz veut se guérir lui-même. Il fait peu à peu reprendre à ses côtes brisées leur direction première, en s'appuyant constamment la poitrine contre l'angle d'une chaise; pour tout bandage, il se sert d'un linge mouillé; il boit abondamment de l'eau froide, et bientôt il retourne à ses travaux.

Cette cure fit grand bruit : Priessnitz ne tarde pas à être consulté par tous les malades; il applique toujours sa méthode d'eau froide. Esprit observateur, il supplée à la science qu'il n'a pas, et le voilà qui se met à errer de village en village, guérissant tous les impotents et acquérant un nom que répète la voix de la renommée. Quelques années après, le paysan Priessnitz fonde un vaste établissement, où de tous les points du globe accourent une foule de malades, venant demander à l'art empirique la guérison que leur a refusée la médecine.

L'hydrothérapie ne fut accueillie à Paris qu'avec une grande lenteur, avec une extrême défiance; cependant peu à peu on s'accoutuma à l'eau froide, et les bains froids, les affusions d'eau froide, les compresses glacées entrent aujourd'hui dans la liste des médicaments employés par la médecine.

En quoi consistait la méthode de Priessnitz? Boissons d'eau froide, enveloppements humides, bains froids, frictions avec un drap mouillé, douches froides, bains de siége froids, bains de pied froids, telles étaient les seules prescriptions de l'ancien paysan de Silésie. Ces moyens d'action sont excellents dans certains cas, et l'hydrothérapie est certainement une des branches importantes de l'art de guérir. Mais quelques-uns des partisans de cette nouvelle méthode lui ont été nuisibles, en voulant trop bien la défendre. Quelle nécessité y a-t-il de mépriser tous les remèdes connus, de rejeter tous les médicaments usités pour tout ramener à un seul breuvage, l'eau froide? Laissons ces exagérations aux émules du célèbre docteur qu'a si bien immortalisé le Sage.

EAUX MINÉRALES ARTIFICIELLES

L'idée de remplacer les eaux minérales naturelles par des eaux factices analogues est très-ancienne, et quelques contemporains de Galien avaient déjà voulu préparer des breuvages destinées à rivaliser avec les sources les plus vantées. Hérodote prétendait que nul breuvage de ce genre ne valait l'eau dont il empruntait le nom, et de nombreux essais ont prouvé qu'Hérodote n'avait pas tort. On fait bien des eaux purgatives et sulfureuses dont l'efficacité est incontestable, mais il n'y a aucun rapport entre ces médicaments et ceux que la nature produit au sein du globe. L'*eau de Sedlitz* des pharmaciens n'a d'autre analogie avec la source allemande que celle de l'étiquette, et l'*eau de Seltz* ordinaire, que l'on prend aux repas ne ressemble en rien à celle que fournit la célèbre fontaine du duché de Nassau. Elle forme cependant une boisson rafraîchissante et saine, assez estimée, assez répandue pour que nous parlions de sa préparation.

L'eau de Seltz est simplement de l'eau ordinaire chargée d'acide carbonique par une forte pression; on la prépare en grand au moyen de l'appareil que représente le dessin ci-contre (*fig.* 80). L'acide carbonique, qui prend naissance dans un cylindre métallique, sous l'action de l'acide sulfurique étendu sur le carbonate de chaux (craie, marbre, etc.), traverse trois flacons laveurs, et se rend dans un gazomètre : une pompe le refoule, en même temps que l'eau qui doit le dissoudre, dans un récipient sphérique muni d'un manomètre, et un tube de plomb conduit enfin le liquide ainsi formé dans un siphon, où il pénètre sous une pression de 10 ou 11 atmosphères.

Fig. 80. — Appareil Ozouf pour la fabrication de l'eau de Seltz.

CHAPITRE VI

> Malgré l'abondance avec laquelle l'eau est
> répandue à la surface du sol, elle manque
> souvent sur certains points où elle serait le
> plus utile, et il n'y a guère de ville qu'elle
> ne puisse rendre plus salubre.
>
> J. Dupuit.

LA BOISSON

Le voyageur qui explore, au prix de longues fatigues, les
pays lointains où l'eau fait complétement défaut; l'explorateur qui, perdu dans les sables brûlants du désert, n'a pas
une goutte d'eau pour étancher sa soif brûlante, celui-là sait
apprécier les bienfaits de ce précieux liquide. Lisez les voyages de Vambéry dans l'Asie centrale, vous verrez jusqu'à quel
degré de souffrance le manque d'eau a pu conduire ce hardi
voyageur et jusqu'à quel point la privation de ce liquide l'a
torturé. Vous verrez un homme de cœur, rendu égoïste par
la souffrance, refuser, à ceux qu'il voit mourir sous ses yeux,
quelques gouttes du liquide croupi qui est sa vie.

Un homme, dans des conditions moyennes, absorbe deux
litres d'eau par jour; une quantité inférieure causerait la
souffrance physique. On conçoit donc l'influence que peuvent
exercer sur l'économie animale les sels dissous, même en

faible proportion. Il ne suffit pas de disposer de deux litres d'eau par jour, il faut que cette eau soit saine et de bonne qualité. L'opinion de tous les âges a attribué à l'action des eaux de mauvaise nature certains effets pathologiques accidentels, certaines maladies endémiques; et si ces opinions ont été souvent exagérées, si elles n'ont pas toujours été basées sur des preuves réelles, il n'en est pas moins vrai que quelques eaux sont nuisibles et dangereuses. On conçoit, par la même raison, que des eaux contenant des sels favorables à l'économie et aux développements de l'organisme, renfermant des produits gazeux propres à faciliter le travail de la digestion, deviennent, par un usage journalier, l'agent hygiénique le plus sûr, le plus précieux et le plus rationnel.

Les eaux douces peuvent se partager en eaux de pluie, eaux de sources, eaux de rivières, eaux de lacs, eaux d'étangs, et eaux de puits.

L'eau de pluie, au moment où elle vient d'être recueillie, n'est pas d'une pureté absolue; cependant c'est l'eau la plus pure de la nature. Elle a le défaut de ne pas renfermer en dissolution des matières calcaires; de n'être pas nutritive; de ne pas contenir assez d'air en dissolution : elle est fade et doucereuse. Les eaux d'étangs riches en matières organiques qui les corrompent, offrent une odeur désagréable qui les fait bannir de l'alimentation.

Sources, lacs, rivières, puits ou citernes, tels sont les réservoirs d'eaux potables; mais la composition des eaux qu'ils fournissent est très-différente, et nous allons chercher auquel d'entre eux on doit donner la préférence. Une eau peut être considérée comme saine et de bonne qualité quand elle est fraîche, limpide, sans odeur, quand elle ne se trouble pas par l'ébullition, quand le résidu qu'elle abandonne par l'évaporation est très-faible, quand sa saveur agréable et douce n'est ni fade ni salée, quand elle renferme de l'air en dissolution, quand elle dissout bien le savon sans former de grumeaux, quand enfin elle cuit bien les légumes.

Les *eaux de citerne*, employées dans les pays où manquent les rivières et les sources, ne répondent pas à ces exigences, car la pluie qui ruisselle sur les toits des maisons, avant de se rassembler dans la citerne, entraîne avec elle des substances organiques et minérales. Il est vrai que ces matières se précipitent et que l'eau se purifie par un repos de quelques jours ; mais elle peut ensuite s'altérer par suite de la décomposition des produits organiques qui s'emparent de l'oxygène qu'elle contient, et elle ne fournit alors qu'un liquide fade, désagréable et quelquefois dangereux à boire.

« Sauf de rares exceptions, les eaux qui tiennent en dissolution une proportion notable de matières organiques se putréfient vite et acquièrent des propriétés nuisibles. Il est bien évident que des diarrhées, des dyssenteries et d'autres maladies aiguës ou chroniques ont été endémiquement déterminées par l'usage continué quelque temps d'eaux tenant des proportions trop grandes de matières organiques altérées soit en suspension, soit en dissolution. On admet donc, comme un résultat général d'observations, que toutes choses égales, moins une eau potable contient de matières organiques, meilleure elle est [1]. » Ajoutons que dans quelques villes, et notamment à Cadix, où chaque habitation possède une citerne, on a soin de laisser perdre, au moyen de robinets convenablement disposés, la première eau qui tombe du ciel, et dès que les impuretés de l'air, des toits et des canaux ont été chassées par ce lavage, on recueille la pluie que les nuages continuent à répandre sur la ville.

Quelques eaux de puits (notamment celles des puits de Paris) qui ont traversé les couches du sol, renferment souvent de grandes quantités de sulfate de chaux (plâtre) ; elles sont dites *eaux crues* ou *séléniteuses ;* elles ne dissolvent pas le savon, elles ne peuvent pas cuire les légumes, elles sont enfin indigestes et lourdes à l'estomac. On reconnaît qu'une

---

[1] Boutron et Boudet, voy. *Annuaire des eaux de la France pour* 1851.

eau est plâtrée par les abondants précipités qu'elle forme avec une dissolution d'oxalate d'ammoniaque et de chlorure de baryum. Nous avons nous-même analysé l'eau d'un puits situé à Clichy-la-Garenne, qui contenait plus d'un gramme de plâtre par litre.

La présence du carbonate de chaux (pierre à bâtir, craie) est nécessaire dans une eau potable, et les expériences de M. Boussingault ont prouvé que cette substance concourait au développement du système osseux.

Mais l'excès en tout est nuisible : les eaux dites *calcaires*, qui renferment de trop grandes quantités de chaux, sont impropres à l'alimentation. Ces eaux se troublent par l'ébullition, et abandonnent par l'évaporation un dépôt abondant qui produit les incrustations dans les tuyaux de conduite et dans les chaudières à vapeur.

Quand les eaux chargées d'acide carbonique traversent des tuyaux en plomb, elles s'emparent de ce métal; prises en boisson, elles produisent des coliques dangereuses et des effets quelquefois plus funestes encore.

Les eaux des rivières et de quelques puits ne renferment que de petites quantités de chlorures, de sulfates, de carbonates à base de chaux, de magnésie, et parfois de soude, de potasse et d'alumine; elles sont alors propres à la boisson, mais parmi celles-là l'eau des sources est incontestablement la meilleure ; « les meilleures eaux, a dit avec raison Hippocrate, sont chaudes en hiver et froides en été, » et cette sentence du père de la médecine, remise en vigueur de nos jours, est celle qui doit présider au choix d'une eau potable.

Rien n'est préférable à ces eaux limpides et fraîches, puisées dans les sources pures, abritées sous l'ombrage des arbres touffus ; si elles ont été aérées par leur voyage à la surface du globe, si elles ont dissous dans la route qu'elles ont parcourue de petites quantités de carbonate de chaux, elles offrent à l'estomac un liquide bienfaisant, frais et agréable, qui, contribuant à la santé du corps, n'est pas sans influence sur le bien-être moral. Sénèque n'a-t-il pas dit :

Mens sana in corpore sano ?

LES USAGES DOMESTIQUES ET INDUSTRIELS

La consommation de l'eau pour l'usage extérieur, ou de propreté, s'évalue dans une ville telle que Paris à 18 litres par habitant, en ne parlant que du citadin ordinaire, du rentier, qui n'exerce aucune des professions de teinturier, brasseur, qui ne tient pas de bains ou de lavoirs publics, qui n'a pas d'animaux domestiques à soigner, de chevaux à faire boire, de voitures à nettoyer, de jardins à arroser. Mais en tenant compte de toutes ces causes de dépenses d'eau, on arrive à un chiffre moyen de 50 litres par habitant.

Voici, du reste, quelles sont à Paris les bases des évaluations pour les abonnements[1] :

Par personne.	20 litres.
Par cheval..	75
Par voiture à deux roues.	49
Par voiture à quatre roues..	75
Par mètre carré de jardin, 500 litres par an, par jour.	2 lit. 50
Par force de cheval, d'une machine à haute pression.	1 50
Par machine à détente, à condensation.	10
Par machine à basse pression..	25
Par bain..	500
Par litre de bière faite.	4

En dehors de ces usages domestiques ou industriels, l'eau doit être employée à arroser la voie publique, quand la cha-

---

[1] J. Dupuit, ingénieur des ponts et chaussées, *Traité théorique et pratique de la conduite et de la distribution des eaux.*

leur de l'été transforme en une plage de poussière nos boule_
vards et nos rues, à laver les ruisseaux, pour éviter les dangers des eaux stagnantes, à balayer les égouts pour chasser
les odeurs délétères ; elle doit encore purifier et rafraîchir
l'air en coulant dans les fontaines publiques, en s'élevant en
jets dans les jardins de luxe.

Toutes ces conditions sont impérieusement commandées
par l'hygiène publique, mais il va sans dire que, dans tous
les cas, la qualité de l'eau importe peu ; qu'elle soit plâtrée
ou calcaire, tiède ou froide, elle n'en accomplira pas moins
sa mission de nettoyage.

Il n'en est pas de même pour la boisson et les emplois du
ménage (cuisson des légumes et savonnage) ; il n'en est
pas de même encore pour l'alimentation des chaudières à
vapeur.

Les eaux calcaires laissent un dépôt abondant qui encroûte
les chaudières et y façonne une armure résistante et dure ;
une paroi de pierre se forme ainsi sur la paroi métallique et
la détériore ; elle empêche la chaleur de se propager du foyer
au liquide intérieur, et le métal de la chaudière atteint la
chaleur rouge, sans que l'eau emprisonnée dans une carapace
de pierre soit en ébullition ; si le dépôt calcaire vient à se
briser alors, le liquide, en contact avec la paroi métallique
chauffée au rouge, entre violemment en ébullition ; des torrents de vapeur dégagés dans un espace devenu trop étroit
développent brusquement une force expansive énorme, et la
chaudière vole en éclats, en frappant de mort les ouvriers
qui l'environnent.

Les eaux qui contiennent du nitrate de magnésie, ou du
chlorure de magnésium, présentent encore de graves inconvénients ; ces sels se décomposent sous l'action de la chaleur,
ils abandonnent de l'acide nitrique et de l'acide chlorhydrique qui rongent le métal, détériorent rapidement la chaudière et tous les conduits métalliques qu'ils traversent.

On remédie quelquefois à ces inconvénients en purifiant

les eaux par des procédés chimiques ; pour prévenir l'incrustation des chaudières, on mélange les eaux avec une certaine quantité d'argile (terre glaise). Il se forme bien un dépôt, mais au lieu de donner naissance à une croûte dure et cassante, il se présente sous l'aspect d'une poussière que l'on peut enlever à la pelle. L'industrie sait d'ailleurs débarrasser les eaux des matières organiques ou terreuses qui la troublent, par différents systèmes de filtration.

En définitive, telles sont les conditions sommaires qu'exige l'hygiène publique :

Une eau pure, fraîche, abondante pour alimenter les habitants ;

Une eau de qualité ordinaire, très-abondante pour laver les villes, déblayer les égouts, arroser les voies, orner les fontaines, pour servir enfin à tous les besoins domestiques et industriels.

CHAPITRE VII

LES EAUX DE PARIS[1]

> Les aqueducs de Rome sont de véritables monu-
> ments ; les Romains, pour les établir, ont percé
> des montagnes, comblé des vallées, établi des ca-
> naux suspendus aux endroits où la terre manquait.
> Il existe de longues files d'arcades qui portent une
> rivière, et quelquefois deux et trois l'une au-des-
> sus de l'autre, à une hauteur prodigieuse.
>
> DEZOBRY d'après PLINE.

UN REGARD SUR LE PASSÉ

Les premiers habitants de Paris puisaient directement dans
la Seine l'eau qui servait à leur alimentation. Plus tard les
Romains construisirent l'aqueduc d'Arcueil, et les vestiges
de cette construction sont encore visibles au palais des Thermes de l'empereur Julien. Cet aqueduc périt avec l'empire romain, et ce n'est qu'au dix-huitième siècle, que des moines
firent dériver les sources de Belleville et des Près-Saint-
Gervais. Ces eaux impures et séléniteuses seraient actuellement méprisées et rejetées de tous ; cependant Paris en a été
alimenté pendant plus de quatre siècles (de 1200 à 1608), (

---

[1] *Rapport de M. Belgrand au préfet de la Seine. — Eaux publiques de Paris*, par Girard. — *Registres de la ville. — Architecture
hydraulique. — Histoire de la ville de Paris*, par dom Félibien, etc.

jusqu'à l'époque où la pompe de la Samaritaine fut établie sur le pont Neuf.

Pendant tout le moyen âge et la Renaissance, les rois, peu soucieux des besoins du peuple et de son bien-être, accordèrent aux grands seigneurs et aux monastères le larges concessions : l'abus devint tellement scandaleux, que divers quartiers de Paris furent sur le point d'être abandonnés, quand les fontaines publiques étaient à sec. Malgré le fameux édit de Charles VI (octobre 1392), malgré la noble initiative d'un prévôt des marchands, qui, en 1457, fit reconstruire l'aqueduc de Belleville, la faveur ne tardait pas à reprendre le dessus, et le peuple manquait toujours d'eau.

En 1553, Paris recevait seulement par jour 500 mètres cubes d'eau, ce qui équivalait à 1 litre environ par habitant. Cette quantité d'eau aurait à peu près suffi à une ville cent fois moins peuplée!

Quand le mal était flagrant, quand les murmures, quoique bien timides alors, des habitants, montaient jusqu'à l'oreille des gouvernants, quand la disette d'eau était par trop menaçante, quand les fontaines ne versaient plus que des larmes, une ordonnance de police, rendue par le prévôt des marchands, prescrivait à tout concessionnaire de présenter ses titres. Ordonnance de mauvaise foi, simple question de forme, dérision honteuse qui aboutissait toujours à quelque concession, et rétablissait les choses dans l'état primitif le plus déplorable. Nul ordre, nulle surveillance, partout l'injustice et l'iniquité. Pour les eaux, comme pour le reste, c'est l'accaparement du riche au profit du pauvre, c'est le grand seigneur qui, de son plein gré, détourne les conduites d'eau de la ville, au nez du bon peuple, et les dirige vers son hôtel, où il manque un jet d'eau; c'est l'abbaye qui ne consulte que son égoïsme, et se désaltère avec une prodigalité révoltante, de l'eau qui manque à l'honnête bourgeois, au travailleur, à l'ouvrier.

Il allait être réservé à un grand roi de remédier au

mal par d'énergiques mesures. Henri IV enfin sut faire
respecter ses édits. Tous les tuyaux qui menaient l'eau
chez les riches et dans les abbayes furent impitoyablement coupés, la révision minutieuse des titres des concessionnaires fut exécutée avec un soin et une impartialité inu-
sités, et le nombre des concessionnaires fut réduit à quatorze.
Pour la première fois, ces concessions furent acquises à prix
d'argent et Martin Langlois, prévôt des marchands, paya, le
premier, à la ville, une rente de 55 livres 10 sols, pour une
dérivation de la fontaine Barre-du-Bec[1].

Les abus, comme les mauvaises herbes, repoussent à mesure qu'on les arrache, et ce n'était pas en si peu de temps
que le mal devait être anéanti. En 1608, un nouveau manque d'eau se fit sentir. Henri IV réduit encore les concessions
et donne un noble exemple, en se soumettant, le premier,
à la réduction ; la fontaine de la Samaritaine fut érigée sur
le pont Neuf, et la même année vit encore naître un admirable projet : la reconstruction de l'aqueduc d'Arcueil. Mais
ce travail, arrêté par la mort du roi, ne fut terminé que bien
plus tard, par Marie de Médicis.

Quoi qu'il en soit, le règne d'Henri IV est une belle page
dans l'histoire des eaux de Paris ; pour la première fois apparaissent les pompes hydrauliques ; pour la première fois les
concessions sont vendues, et ces améliorations remarquables
sont des titres à la gloire d'un de nos plus grands rois.

Sous Louis XIII, sous Louis XIV, les abus reparaissent avec
une nouvelle et scandaleuse énergie, et quelques quartiers
malsains de la ville sont à la veille d'être abandonnés. Toutes les fontaines sont à sec, tandis que le grand roi dépense
les millions de son peuple à faire monter l'eau jusqu'à Ver-
sailles pour l'agrément de sa cour. En 1671, toutefois, on
construisit une nouvelle pompe, la pompe Notre-Dame ; mais
malgré ce travail éminemment utile, Paris ne recevait alors

---

[1] *Registres de la ville*, vol. XIV, fol. 640.

que 1,800 mètres cubes d'eau, ou 5 litres par habitant.

Au commencement du dix-huitième siècle, de nombreux mémoires, publiés sur la question des eaux publiques de Paris, attestent l'attention des esprits sur ce grand problème ; mais quelques améliorations sans conséquence devaient être les seuls résultats de longues et stériles discussions. De Parcieux, plus tard, proposa de dériver les eaux de l'Yvette, petite rivière qui se jette dans la Seine au-dessus de Longjumeau ; ce plan fut vivement discuté, et l'opinion publique, alors comme aujourd'hui, hésitait entre les projets de dérivation d'eaux éloignées et celui de l'élévation des eaux de la Seine au moyen des pompes à feu. En 1769, le chevalier d'Auxiron, armé d'un nouveau système d'élévation des eaux de la Seine par de nouvelles machines, répondit à de Parcieux. Les deux adversaires se livrèrent aux plus vives discussions, et tandis qu'ils se faisaient la guerre à grands coups d'arguments, le public se passionnait, et l'eau se faisait attendre. En 1771, le système de dérivations de sources lointaines, amenées dans la ville par des aqueducs, trouva un puissant renfort dans l'opinion de l'illustre Lavoisier, qui appuya ce projet de toute l'autorité de son génie.

Enfin, deux habiles négociants parurent et tranchèrent les difficultés. Les frères Périer proposèrent à la ville d'établir à leurs frais, sur la Seine, plusieurs pompes à feu, à l'aide desquelles on élèverait 150 pouces d'eau par jour. Les Parisiens allaient voir fonctionner, sous leurs yeux, des machines à vapeur provenant de l'atelier de Watt ; ils allaient boire l'eau élevée par ces appareils qui excitaient alors une si juste admiration : l'opinion publique ne tarda pas à donner sa faveur au système Périer. Le 7 février 1777, le parlement par lettres patentes autorisa les frères Périer à établir à leurs frais, dans les localités désignées par le prévôt des marchands, des *machines à feu*, destinées à déverser les eaux de la Seine dans la capitale. La nouvelle Compagnie s'organisa en toute hâte, mais elle signala ses débuts par une faute déplorable :

la première pompe à feu fut établie à Chaillot, à l'embouchure même des égouts. Des lenteurs, des obstacles inattendus, des déceptions non prévues arrêtèrent les nouveaux travaux, et le capital social ne tarda pas à être complétement absorbé. Enfin, l'apparition de Law, la création de son système, l'avénement de l'agiotage allaient bouleverser les esprits et perdre l'entreprise des eaux, comme tant d'autres.

La Compagnie donna toutefois de l'eau en 1782 ; mais les promesses furent ensuite si mal tenues, les engagements furent si peu respectés, que le gouvernement se vit forcé de racheter tout son matériel. Un procès célèbre eut lieu : Beaumarchais fut le défenseur de la Compagnie, et Mirabeau son adversaire. L'auteur du *Mariage de Figaro* ne sut pas parer avec habileté les coups du célèbre orateur ; sa verve accoutumée lui fit défaut, et ses armes de polémiste tombèrent de ses mains. La vérité apparut froidement aux yeux du public ; la parole sonore, nette, précise du comte de Mirabeau écrasa de toutes pièces la Compagnie des eaux et la jeta dans le plus complet discrédit.

Le passage du dix-huitième siècle se signale toutefois par un progrès. Au moment où éclate la Révolution française, Paris recevait 7,986 mètres cubes d'eau par jour ; il comptait alors 547,755 habitants, et la distribution était par conséquent de 14 litres par tête en 24 heures. Ce volume d'eau suffirait à une population sept fois moins nombreuse ; par conséquent, le progrès dû au dix-huitième siècle est d'un faible intérêt ; mais un siècle qui écoutait Voltaire et Rousseau n'avait guère le temps de songer à des problèmes de cet ordre.

Pendant de longues années, nos troubles politiques, si terribles, détournèrent les esprits des questions administratives ; les capitaux sortaient de France, et les spéculations financières sur les eaux de Paris subirent un temps d'arrêt. Il faut arriver à l'année 1797 pour voir apparaître l'idée d'une belle entreprise, celle de la construction du canal de l'Ourcq. Après bien des débats, après avoir traversé la filière de longues discussions, après avoir passé par les phases les plus inattendues, ce projet devait se terminer sous les auspices de Napoléon Ier. Le 29 floréal de l'an X, le Corps législatif décréta « qu'il serait ouvert un canal de dérivation de la rivière l'Ourcq, et que cette rivière serait amenée à Paris, dans un bassin près de la Villette. » Les premiers travaux furent commencés en 1801, et, le 15 septembre de l'année suivante, M. Girard en prit la direction. Poussés avec activité jusqu'en 1812, suspendus par nos désastres, repris enfin quelques années plus tard, ces travaux furent terminés en 1837.

Après la construction du canal de l'Ourcq, après l'établissement de dix-huit machines à vapeur qui puisent l'eau dans la Seine, après le forage des puits artésiens de Grenelle et de Passy, la ville de Paris recevait (il y a six ans) 195,000 mètres cubes d'eau par jour, se décomposant de la manière suivante :

Eau de l'Ourcq.	105.000
Eau de la Seine..	80.000
Eau des puits artésiens..	10.000
	195.000

Ce qui établit une moyenne de 115 litres par habitant en 24 heures, quantité bien inférieure à celle que reçoivent certaines grandes villes du monde, comme le montre le tableau suivant :

	NOMBRE DE LITRES PAR HABITANT EN 24 HEURES.
Rome moderne.	944
New-York..	568
Carcassonne.	400
Marseille.	186
Gênes.	120
Glascow..	100

Londres..	95
Genève.	74
Philadelphie..	70
Edimbourg.	50

Paris était donc loin de figurer en première ligne sur la
liste des villes les plus riches en eau, mais nous allons
voir que la qualité laissait à désirer encore plus que la
quantité.

L'EAU QUE BOIVENT LES PARISIENS

Voici l'analyse, la composition chimique des eaux qui dé-
saltèrent les citadins de la capitale du monde civilisé :

COMPOSITION D'UN LITRE DES EAUX.

	DE LA SEINE A CHAILLOT.	D'ARCUEIL.	DE BELLEVILLE.	DES PRÉS SAINT-GERVAIS.	DU PUITS DE GRENELLE.	DU CANAL DE L'OURCQ.
	gr.	gr.	gr.	gr.	gr.	gr.
Bicarbonate de chaux. . . .	0.250	0.158	0.400	0.052	0.029	0.158
Bicarbonate de magnésie.. .	0.076	0.060		0.012	0.009	0.075
Bicarbonate de potasse.. . .	»	»	»	»	0.010	»
Sulfate de chaux..	0.040	0.158	1.100	0.450	»	0.080
Sulfate de magnésie.	0.050	0.072	0.520	0.100	0.032	0.095
Chlorure de calcium, de so- dium, etc.	0.052	0.081	0.400	0.600	0.057	0.113
Silice, oxyde de fer, alumine.	0.024	0.018	0.100	0.020	0.112	0.109
Matières organiques.	traces.	»	»	»	»	»
Sels contenus dans 1 litre. .	0.452	0.527	2.520	1.194	0.149	0.590

D'après ces analyses, faites par MM. Boutron et Boudet, les
eaux du puits de Grenelle sont préférables à toutes les
autres. Les eaux de Belleville sont crues et désagréables à

boire ; celles d'Arcueil, au contraire, sont fraîches et de bonne qualité.

Il en est de même de celles de la Seine et de l'Ourcq, quand elles sont pures ; mais, altérées sans cesse par les déjections qui s'y versent, elles se transforment en liquides indignes de servir à l'alimentation. Cependant elles servent essentiellement de boisson aux habitants de notre capitale ; or la première est continuellement salie par un peuple de quinze cents mariniers, qui vit sur ses bords, par cinq cents bateaux qui naviguent sur son onde, dont on a eu la malencontreuse idée de faire à la fois une voie navigable et une source d'eau potable.

Quant à l'eau de Seine, son impureté est bien plus grande encore. Ce fleuve est le récipient des résidus et des déjections de deux millions d'habitants qui vivent sur ses rives ; les égouts déversent dans son cours un liquide immonde et fétide, et cependant ses eaux, ainsi dénaturées, sont celles que la pompe de Chaillot, que la pompe de Saint-Ouen distribuent à une grande partie des habitants de Paris.

Après la grande sécheresse de 1858, 44 mètres cubes d'eau par seconde traversaient les arches du pont Royal ; or, comme les égouts jetaient dans la Seine 1 mètre cube d'eau par seconde, il s'ensuit que nous buvions à cette époque 1 mètre d'eau d'égout par 44 litres d'eau de Seine. Quand nous nous étions désaltérés avec une carafe d'eau, nous avions absorbé à peu près la quantité d'un petit verre à liqueur du liquide fangeux que transportent à la Seine les voies souterraines de Paris.

L'eau de la Seine, amenée dans les réservoirs de Paris, laisse encore beaucoup à désirer, comme le prouvent les observations du docteur Bouchut et de M. Coste. M. Bouchut nous rapporte que l'eau du réservoir Racine contient, à une profondeur de 4 mètres, « des myriades de particules jaunâtres, qui lui donnent l'apparence d'une émulsion épaisse, semblable à de la boue. L'eau du réservoir du Panthéon, dit

le même observateur, tient en suspension une innombrable
quantité d'êtres vivants qu'on prend à la cuillerée comme
dans un potage. Dans le réservoir de Popincourt enfin, dont
les eaux sont exposées à la lumière et à la chaleur, il y a de
nombreuses moisissures. »

M. Coste a nettement démontré, de son côté, la déplorable
qualité des eaux de la Seine conservées dans les réservoirs à
ciel ouvert. Dans ces réservoirs, la chaleur et la lumière favorisent le développement des matières organiques « comme
dans une mare. »

Ainsi les eaux de la Seine qui alimentent les Parisiens sont
corrompues, salies, infectées par les liqueurs immondes qui
s'échappent des égouts ; elles sont remplies de débris organiques de toutes sortes, et des myriades d'infusoires pullulent dans les réservoirs d'eaux potables ; elles ne diffèrent
guère des eaux fangeuses d'une mare.

Tous les étrangers qui arrivent à Paris sont éprouvés par
les eaux de la Seine, et quelques médecins voient dans l'emploi de ces eaux la cause de maladies les plus graves, notamment des fièvres typhoïdes qui frappent souvent les nouveaux venus dans la capitale. Ce fait est sans doute exagéré;
quoi qu'il en soit, il est honteux pour une ville qui se dit la
reine du monde civilisé de fournir à ses habitants un liquide
fangeux en guise d'eau potable, et de les abreuver d'une
liqueur trouble qui nécessite une filtration, et qui renferme
des myriades de petits animaux y grouillant « comme dans
une mare. »

Outre ce défaut de qualité, il faut encore signaler le défaut
de quantité. Pendant l'été, le bois de Boulogne, le bois de
Vincennes absorbent 35,000 mètres cubes d'eau par jour ;
les bornes-fontaines en crachent sur la voie publique 90,000
mètres cubes ; les squares en consomment 25,000 mètres
cubes ; les rues et les boulevards en exigent enfin, pour l'ar-
rosement, 80,000 mètres cubes. Il ne reste plus à chacun de
nous que quelques litres d'une eau croupie et malsaine,

tandis que l'hygiène réclame 60 litres d'eau pure et fraîche par chaque habitant d'une grande ville.

Malgré l'énorme quantité d'eau versée sur la voie publique, la poussière s'élève souvent encore en nuages épais dans nos rues; les lacs du bois de Boulogne ne regorgent pas d'eau, les bornes-fontaines ne versent que des larmes, et les Parisiens s'essuient le front, accablés sous une brûlante chaleur, n'ayant pour se désaltérer qu'une espèce de décoction d'eau d'égout, dans l'eau de leur fleuve.

LE REMÈDE AU MAL

Dès l'année 1854, au moment où Paris commençait à se transformer, où des boulevards traçaient au milieu des vieilles masures des voies propres et larges, où des squares étaient jetés au milieu de la nouvelle capitale, comme des fleurs sur une robe élégante et fraîche, l'administration municipale se trouva en face du problème des eaux; elle résolut d'en attaquer énergiquement le mode de distribution et de détruire le mal en modifiant de toutes pièces les dispositions du vieux Paris.

Mais comment devait-on parer aux inconvénients précités? quelles armes fallait-il prendre en main pour combattre le véritable fléau causé par les eaux malsaines? à quelle source fallait-il puiser des eaux pures? Filtrer et purifier les eaux de la Seine, les rendre fraîches en été, chaudes en hiver, était impraticable, et ce mode coûteux de distribution n'aurait encore fourni aux Parisiens qu'une eau potable d'une qualité douteuse.

En présence de cette grave question, mille projets prenaient naissance. Les uns voulaient un puits artésien dans chaque quartier; mais l'eau des puits artésiens est tiède, non aérée, et d'ailleurs ne savait-on pas que le puits de Passy avait diminué le débit du puits de Grenelle? était-il sensé de forer vingt ou trente puits de même nature, pour épuiser peut-être la nappe souterraine qui alimente déjà notre capitale? n'avait-on pas entendu parler des sources jaillissantes qui tarissent subitement? ne pouvait-il pas en être de même des réservoirs qui étendent leurs eaux sous nos pas? n'était-ce pas enfin le comble de l'imprudence de confier uniquement à des sources inconnues le soin de nous désaltérer?

Les autres proposaient de faire venir la Loire au milieu de Paris; mais pourquoi abandonner un fleuve pour prendre un autre fleuve? Les riverains du cours d'eau généreux célébré par la Fontaine n'auraient-ils pas vu avec un bien légitime mécontentement l'eau qui leur appartient leur être ravie? Ils n'auraient certainement pas témoigné une grande joie en voyant les Parisiens se désaltérer à leurs dépens.

D'ailleurs, une fois la résolution prise d'aller chercher au loin les eaux nécessaires à l'alimentation de Paris, n'était-il pas plus logique de rechercher les plus pures, les plus limpides et les plus fraîches d'entre elles, les eaux de source en un mot? Le procès de ces dernières eaux est gagné depuis long-temps, et de tout temps leur supériorité a été mise en évidence : les Romains, nos maîtres en l'art d'approvisionner les eaux, n'ont reculé devant aucun sacrifice pour se procurer une boisson fraîche et saine. A Rome, ils méprisent le Tibre, qui coule à leurs pieds ; l'onde de ce fleuve leur paraît indigne des maîtres du monde, et ils font venir dans la ville éternelle l'eau bienfaisante de sources lointaines, au moyen d'aqueducs gigantesques, dont les débris suffisent à abreuver la Rome moderne. A Lyon, ils dédaignent le Rhône et la Saône, et ils font encore glisser sur de longs aqueducs le cristal de sources éloignées. A Paris, enfin, l'empereur Julien, dans son palais des Thermes, situé sur les rives même de la Seine, ne consent à se baigner que dans les eaux d'Arcueil.

Plus récemment, M. Dumas, et avant lui la Place, se sont

toujours efforcés de faire prévaloir ce principe dans les délibérations du conseil de la ville de Paris, et l'auteur de *la Mécanique céleste* ne voulait pas boire à Paris d'autre eau que celle des sources d'Arcueil.

Les animaux, qui n'ont pas notre intelligence, mais qui possèdent un merveilleux instinct, donnent toujours la préférence aux eaux de source. Si vous présentez à un cheval altéré deux seaux d'eau, l'un rempli d'une eau de puits, riche en sulfate de chaux, l'autre plein d'une eau de source, l'animal choisira toujours la seconde de ces eaux ; et si le choix ne lui est pas permis, il ne boira la première qu'avec une visible répugnance.

On résolut donc d'imiter les Romains et de répandre dans Paris des eaux de sources amenées par un ou plusieurs aqueducs. En avril 1854, le préfet de la Seine chargea M. Belgrand, ingénieur en chef de la navigation de la Seine et du service hydrotimétrique du bassin de ce fleuve, de faire une étude minutieuse de toutes les sources qui pourraient être dérivées avantageusement vers Paris, et qui seraient situées à une altitude telle que la pente pût les conduire naturellement sur le coteau de Belleville. La besogne était grande, mais M. Belgrand sut habilement diminuer la tâche. Il admit, avec raison, que les eaux d'un même massif minéralogique présentaient une même composition, et que les substances en dissolution devaient donner à l'analyse chimique les mêmes résultats. Toutes les eaux qui sillonnent, par exemple, la craie de Champagne, sont sensiblement de même nature ; les terrains non plâtrés de la Brie sont ouverts à des sources de même qualité. L'analyse de quelques sources habilement choisies peut donc représenter la composition moyenne de toutes les eaux qui se rencontrent dans toute l'étendue d'une formation géologique homogène.

M. Belgrand fit toutefois l'analyse de deux cent vingt-neuf sources, mesura de jour en jour leur température, en hiver comme en été, se rendit compte de leur débit annuel, etc. Il

put conclure que les eaux du Morvan étaient d'excellente
qualité, mais que leur distance de Paris était trop considérable ; que les eaux de la Beauce présentaient les caractères
d'une boisson saine et pure, mais que leur usage, indispensable à de grandes usines, devait mettre une entrave à leur
dérivation ; que les eaux de la Champagne, enfin, situées
entre Châlons et Château-Thierry, entre Sens et Troyes, ré-
pondaient complétement à toutes les conditions du programme.
Au mois d'avril 1859, la ville de Paris fit l'acquisition,
moyennant la somme de 65,000 francs, de la source de la
Dhuis qui coule près de Château-Thierry et peut fournir
40,000 mètres cubes d'eau par jour. Elle acheta encore, au
prix de 12,000 francs, les sources de Montmort pour les réu-
nir aux eaux de la Dhuis, dans l'aqueduc de dérivation destiné
à alimenter les hauts quartiers de la capitale. L'aqueduc de
dérivation, qu'on résolut de construire pour le service des
bas quartiers, devait être encore alimenté par plusieurs sources de la vallée de la Vanne, petite rivière qui coule entre
Troyes et Sens, et qui fournit par jour un volume d'eau égal
à 67,000 mètres cubes. En 1860, l'acquisition de ces sources
fut faite au prix de 265,000 francs.

La ville de Paris est, en définitive, actuellement proprié-
taire de 120,000 mètres cubes, à savoir :

DÉBIT PAR 24 HEURES EN TEMPS DE SÉCHERESSE

Eaux fournies par l'aque-	La Dhuis	30.000
duc de la Dhuis.	Les sources de Montmort	3.000
Eaux fournies par l'a-	Sources de Noé, Theil, Malhortie, Saint-Philibert, Chigny	67.000
queduc de la Vanne.	Sources d'Armentières	29.000
		120.000

Outre ces deux aqueducs, qui peuvent ainsi donner 60 litres d'eau de source par jour à chaque habitant de Paris, l'administration veut encore alimenter un troisième aqueduc,
celui de la Somme-Soude, qui devra verser dans Paris un

torrent de 60,000 mètres cubes par jour, afin de créer un service hydraulique modèle.

Ces trois aqueducs ne pouvaient être construits simultanément, car il faut de longues années pour distribuer 170,000 mètres cubes d'eau dans les maisons de Paris ; aussi a-t-on commencé par l'aqueduc de la Dhuis, aujourd'hui terminé, comme chacun le sait.

Au point de départ de la dérivation de la Dhuis, on a établi une chute d'eau en pluie où le liquide se débarrasse de son excès de carbonate de chaux, puis sur une longueur de 1 kilomètre on a construit un double aqueduc, afin de ne pas arrêter la circulation des eaux, dans le cas où elles auraient formé des incrustations trop abondantes nécessitant un long travail. L'aqueduc s'étend sur les collines qui bordent la rive gauche de la Marne jusqu'à Chalifert, franchit la rivière en cet endroit et en longe la rive droite jusqu'à Belleville, après un trajet de 140 kilomètres. Afin que l'eau conserve sa température fraîche et vivifiante, il est formé de galeries en maçonneries réunies entre elles au passage des vallées par de larges tuyaux en fonte, enfouis à 1 mètre sous le sol. Depuis plus de deux ans, la Dhuis arrive sur le coteau de Ménilmontant, à une altitude de 108 mètres, et ses eaux sont versées dans Paris après avoir été recueillies dans des réservoirs qui ne contiennent pas moins de 100 millions de litres d'eau potable. Un manteau de terre, un duvet de gazon recouvrent ces citernes gigantesques ; cette enveloppe maintient les eaux à la température des sources d'où elles proviennent, elle oppose un obstacle aux rayons solaires, et rend impossible le développement nuisible d'organismes vivants.

Ces réservoirs sont aujourd'hui terminés. On ne peut s'empêcher d'admirer la couleur azurée des eaux qu'ils renferment, de se réjouir en y plongeant la main saisie par le contact de l'eau fraîche ; on croirait être au bord des beaux lacs de la Suisse, quand on aperçoit le fond des réservoirs à travers la transparence de la masse liquide.

Paris pourra prochainement disposer de 170 millions de litres d'eau de source par jour, ce qui correspond à 90 litres par habitant, et cette eau fraîche et pure servira uniquement à l'alimentation ; espérons que d'ici là les maisons s'organiseront de manière à être plus convenablement pourvues d'une abondante eau pure.

Quand tous les travaux dont nous avons parlé précédemment seront terminés, la Seine, l'Ourcq, les puits artésiens, la source d'Arcueil, serviront exclusivement au nettoyage de la ville, et nos rues, nos boulevards, nos ruisseaux, nos égouts, pourront être inondés chaque jour par des torrents d'eau de 120 millions de litres.

Ne nous hâtons pas cependant de célébrer les louanges du futur système de distribution des eaux dans notre brillante métropole. En somme, une fois les travaux terminés, Paris disposera chaque jour de 267 litres par habitant ; ce résultat est digne d'admiration quand on songe au seul litre d'eau que recevaient nos aïeux, mais il est bien modeste en comparaison du volume d'eau pure que recevait la Rome antique, et qui s'élevait à plus de 1,200 litres par jour et par habitant ! Quoi qu'il en soit, ne soyons pas d'une exigeance outrée ; sachons gré à l'administration municipale des efforts qu'elle a faits pour assurer le bien-être aux habitants de Paris, et remercions aussi le pays de Champagne qui, tout en nous prodiguant le vin mousseux de ses coteaux, nous envoie encore l'onde pure et fraîche de ses sources.

Dans presque tous les pays où les villes tendent à s'organiser dans les conditions d'un grand bien-être, on s'occupe de l'importante question des eaux publiques, et de toutes parts les agglomérations urbaines font une ample provision du liquide bienfaisant : c'est ainsi qu'en Amérique les habitants de Chicago ont fait construire, au prix de 46,000 livres sterling, un tunnel immense, creusé sous le lac Michagan, qui leur prodigue par jour plus de 200 millions de litres d'eau

Fig 81. — Les porteurs d'eau.

1. Charrian de Malaga.
2. Pongo.
3. Aguador de Mexico.
4. Aguador de Guaymas.
5. Porteur d'eau français.
6. Femme arabe à la fontaine.

et c'est ainsi qu'à Londres on a projeté d'importantes dérivations d'eaux lointaines. Mais toutes les villes ne devraient-elles pas aussi suivre l'exemple de New-York, où chaque habitation est pourvue à chaque étage d'un robinet d'eau froide et d'un robinet d'eau chaude coulant à grand flot? On éviterait ainsi l'impôt du porteur d'eau, très-onéreux pour les pauvres gens. L'avenir nous réserve certainement cette amélioration, et les porteurs d'eau disparaîtront, comme ont disparu les postillons et les conducteurs de diligence.

Le dessin ci-contre (*fig.* 481) représente les différentes manières de porter l'eau dans quelques pays : il est probable que ces types n'ont plus tous de bien longues années à vivre : le meilleur procédé d'approvisionnement des eaux ne consiste-t-il pas en effet dans la construction d'un immense aqueduc qui, par de longs tuyaux, amène dans toutes les demeures une onde pure et fraîche au lieu d'un liquide corrompu dans une outre ou réchauffé dans un seau?

LES ÉGOUTS

Répandre à profusion l'eau dans les rues d'une ville, distribuer abondamment l'élément liquide à ses nombreux habitants, arroser avec prodigalité les promenades et les squares, telle est la première partie du problème que nous venons d'examiner. Mais dans une ville comme dans une prairie, le drainage doit succéder à l'irrigation, si l'on ne veut pas que la cité devienne fangeuse et malsaine. Une fois que l'eau a accompli sa mission d'assainissement, une fois qu'elle a balayé les ruisseaux, abreuvé les citadins, égayé l'aspect des jardins, elle s'est corrompue, elle est altérée, elle est trouble, elle est chargée de matières putrescibles, et il faut se hâter de l'éloigner, de la chasser au loin.

Paris n'avait jadis que trois exutoires : la Seine qui le traversait et deux égouts naturels, situés sur chaque rive du fleuve ; c'était la Bièvre, c'était le ruisseau de Ménilmontant qui allait rejoindre la Seine à Chaillot, après avoir suivi la direction des boulevards extérieurs. Le premier égout couvert date de 1343. François Ier, plus tard, voulant débarrasser son palais des Tournelles du voisinage peu parfumé d'un égout, se proposa de diriger du côté des halles le ruisseau immonde dont les odeurs montaient jusqu'à ses narines royales. Mais le prévôt des marchands de Paris résista avec énergie à la volonté du roi ; il ne voulut jamais consentir à infecter le quartier des halles et la rue Saint-Denis, où se trouvait alors, d'après son expression, « la fleur des anciens bourgeois d'icelle ville. »

Ce prévôt était un maître homme qui sut triompher du roi. François Ier, ne pouvant plus résister aux émanations répugnantes qui troublaient ses fêtes, résolut de déménager, et il fit construire le palais des Tuileries.

En 1610, Marie de Médicis, inquiétée pour son peuple des maladies contagieuses qui menaçaient de prendre naissance par la stagnation des immondices dans les égouts, chargea un trésorier de France de veiller à leur curage. Mais, malgré les sages recommandations de la reine, le ciel se chargeait seul de nettoyer par la pluie les ruisseaux souterrains ; on manquait littéralement d'eau pour l'alimentation, par conséquent pour le nettoyage, et les égouts se remplissaient chaque jour davantage des résidus de la ville.

Vers le milieu du dix-huitième siècle, Turgot fit voûter le ruisseau de Ménilmontant qui répandait dans l'air du voisinage les émanations les plus fâcheuses.

Tout au commencement de ce siècle, on nettoya les égouts ; mais l'absence de l'eau était toujours un obstacle à cette toilette de propreté. Il n'y a pas longtemps, du reste, que les artères souterraines de Paris étaient encore une vraie cause de dangers et de maladies, et on peut s'en convaincre en lisant Parent-Duchâtelet, qui, dans un remarquable travail publié en 1824, signale les inconvénients qui résultent de la mauvaise organisation des voies souterraines. Parent-Duchâtelet distingue dans les égouts six espèces d'émanations dangereuses qui se traduisent par des odeurs différentes. La moins désagréable, particulière aux égouts les mieux soignés, est une odeur fade; énervation, soulèvements de cœur, tels sont les effets produits sur ceux qui la respirent. Voici maintenant une *odeur ammoniacale* qui produit des ophthalmies; voici des dégagements plus graves *d'hydrogène sulfuré* qui frappent d'une asphyxie souvent mortelle, connue par les ouvriers sous le nom de *plomb;* je vous fais grâce de l'*odeur putride* qui ressemble à celle des pièces d'anatomie conservées dans des vases mal bouchés, de l'*odeur d'eau de savon*, la plus repoussante de toutes, de l'odeur d'*urine de vache*, etc., etc. Je vous laisse à penser l'infection causée par ces cloaques qui répandaient dans la ville ces abominables odeurs.

Arrivons en 1830, et nous assisterons au nettoyage régulier des égouts par les eaux du canal de l'Ourcq; progrès incontestable, mais accompagné d'un vice qui s'est perpétué jusqu'à nos jours. Les ruisseaux immondes qui sillonnaient les entrailles du sol parisien se déversaient en plein Paris, dans la Seine même, et tout le monde a pu remarquer sur les quais ces torrents noirâtres qui forment, sur les rives de notre fleuve, une cascade infecte aux émanations insalubres.

Ce système odieux et barbare, digne des peuples les plus arriérés, va enfin disparaître. Les égouts vont déverser le liquide qu'ils entraînent dans un grand collecteur, qui portera les eaux du drainage de Paris en aval du pont d'Asnières, après avoir traversé en tunnel le sous-sol de Clichy.

Cet ouvrage est le plus remarquable, le plus vaste et le plus grandiose de tous ceux du même genre; et la *cloaca maxima* de l'ancienne Rome, considérée, à juste titre, comme une œuvre hors ligne, a des dimensions inférieures. La forme de l'égout d'Asnières est celle d'un œuf; sa largeur et sa hauteur sont de 5 mètres.

Dans quelques années, les nombreuses ramifications du système hydraulique souterrain de Paris seront toutes construites sur le modèle de l'égout qui forme un vaste tunnel sous le macadam du boulevard de Sébastopol. Dans tout le parcours de cette veine, l'odeur est si faible, que l'on peut sentir les parfums qui s'échappent des établissements de parfumerie; chacun peut faire dans cette voie souterraine un intéressant voyage en bateau ou en chemin de fer, et l'odorat n'est pas soumis à une trop pénible épreuve. Au-dessous de chaque maison, une cour inférieure sera en communication avec l'égout, et le curage des fosses s'opérera sous terre, au moyen de wagons qui glisseront rapidement sur des rails de fer.

Ces conduits souterrains recevront encore les fils télégraphiques, les conduites d'eau, et peut-être les tuyaux à gaz; la circulation ne sera jamais interrompue par les réparations qu'ils nécessitent ou par leur installation.

En 1855, Paris et la banlieue comptaient 192 kilomètres d'égouts; placés bout à bout le long du chemin de fer de Lyon, ils auraient atteint la ville de Tonnerre. Dans peu d'années, il formeront un immense canal qui, déroulé en ligne droite se prolongerait de Paris à Berlin,

Malgré toutes ces améliorations, il y a bien des regrets à exprimer au sujet de ce vaste réseau de voies souterraines. Les ondes impures qui coulent dans leur sein ne se versent plus dans la Seine au milieu de Paris, mais elles empoisonnent encore ce fleuve au delà d'Asnières, au mécontentement bien légitime des riverains. En second lieu, les eaux de drainage de notre capitale, véritable fléau pour les hommes, sont au contraire un bienfait pour les végétaux; c'est une source de vie pour les céréales, les légumes, les fruits et toutes les productions du sol; c'est une mine d'or qu'on jette dans l'immensité des mers, et qui est ainsi perdue pour le pays d'où elle s'échappe. Les déjections de Paris, précieux engrais, sont transportées par la Seine jusqu'à la mer, où elles se séparent en limon divisé; bercées par les flots, elles sont emportées peut-être vers de lointains rivages, et les produits organiques qu'elles renferment fertilisent le sol d'autres continents.

Espérons que nos descendants, perfectionnant encore les travaux de leurs ancêtres, sauront tirer profit de ces richesses; qu'ils donneront au sol les liquides charriés par les veines des grandes villes, et qu'ils doteront ainsi la culture d'une nouvelle source de prospérité.

Que ces imperfections ne suscitent pas toutefois des plaintes exagérées; reportons-nous aux siècles passés et pensons au bourgeois de Paris du moyen âge, qui n'avait par jour à sa disposition qu'un litre d'eau malsaine; pensons à nos pères, qui, sans cesse incommodés par les émanations les plus funestes, traversaient au milieu des rues, des ruisseaux d'eau croupie. Nous glissons sur la pente du progrès, et la vitesse de notre course s'accélère sans cesse; tout viendra en son temps, et l'œuvre des hommes finira par être comparable aux œuvres de la nature. Les eaux pures, versées dans nos villes, après avoir assuré toutes les conditions de l'hygiène, répondront un jour à toutes les exigences de l'agriculture; tous les résidus extraits par le grand nettoyage des centres habités se transformeront en froment et en blé; ils seront la richesse des campagnes. Le cercle sera fermé, la goutte d'eau conduite par la main des hommes aura une mission analogue à celle que la main de la nature ravit à l'Océan pour la répandre sur les continents qu'elle féconde.

CHAPITRE VIII

LES PUITS ARTÉSIENS

> Il me semble qu'une torsière (vrille) per-
> cerait aisément certaines pierres tendres, et
> qu'on pourrait trouver par tel moyen du
> terrain de marne, voire même des eaux,
> pour faire puits, lesquelles pourraient bien
> souvent monter plus haut que le lieu où la
> pointe de la torsière les aura trouvées. Et cela
> se pourra faire moyennant qu'elles viennent
> de plus haut que le trou que tu auras fait.
>
> BERNARD DE PALISSY.

LES RÉSERVOIRS SOUTERRAINS

Ce n'est pas seulement dans le lit des fleuves que l'homme peut puiser l'élément liquide indispensable à son existence sociale. Le sol où s'appuient nos cités cache des trésors aquatiques souterrains assez abondants pour arroser des contrées entières et subvenir à l'alimentation des plus grandes agglomérations urbaines, mais ces citernes titanesques sont défendues par des couches de roches qui semblent jouer le rôle des dragons de la Fable. Quelle lutte persévérante, quel travail gigantesque il faut entreprendre pour aller dérober à la nature les trésors qu'elle semble vouloir cacher à nos yeux ! L'art de découvrir ces précieuses mines liquides,

l'art de dévoiler ces véritables sources de vitalité latente, a
pendant longtemps exercé l'esprit des superstitions les plus
grossières, ayant toujours le don de séduire au plus haut
degré l'imagination populaire. Que d'enchanteurs et de ma-
giciens, au moyen âge, ont vainement agité leur baguette
divinatoire pour chercher l'eau à la surface d'un sol infertile ! que de sorciers ont imploré sans succès les génies et
les nymphes qui dérobaient à leurs regards des ondes bénies,
des sources bienfaisantes ! On ignorait alors que l'écorce du

Fig. 82. — Lac Pavin (Auvergne).

globe renferme des nappes liquides inépuisables, que l'épiderme de notre planète recèle de précieux cours d'eau. On
était loin de se douter qu'en fouillant le sol, l'homme ren-
contrerait d'immenses réservoirs d'où il puiserait un jour la
richesse et la fécondité.

L'antiquité comprenait déjà l'importance de ce grand problème, et pour nous représenter la puissance d'un prophète,
elle nous le montre frappant une pierre d'où il fait jaillir

l'onde pure d'une fontaine inépuisable. Mais les sciences occultes, l'histoire de prétendus miracles et les légendes ne nous offrent rien de plus imposant que le spectacle d'Arago, qui, attendant avec une persévérance sans égale la réalisation de ses théories, voit enfin jaillir l'eau du puits de Grenelle, comme le témoignage de son génie et de la justesse de ses prévisions.

Toutes les grandes masses d'eau situées à la surface du globe se rencontrent à des distances différentes de la surface

Fig. 85. — Lac d'Œschi (Suisse).

des mers : les eaux de quelques lacs, comme celles du lac Pavin en Auvergne, du lac d'Œschi en Suisse, sont maintenues à de grands hauteurs, dans des récipients naturels, creusés dans les montagnes (*fig.* 82 et 85), et le tableau des positions relatives de quelques grandes nappes liquides montre quelle est l'énorme différence de leur niveau (*fig.* 84). On conçoit que ces réservoirs élevés puissent pénétrer par les

canaux souterrains dans les entrailles du sol, et s'étendre
ainsi assez loin du point de départ. Si le sol est percé au-
dessus de ces nappes d'eaux souterraines, le liquide, obéissant aux lois de l'hydrostatique, s'élancera par le chemin
qui lui est ouvert, et s'efforcera d'atteindre le niveau du
réservoir d'où il s'est échappé. Si le niveau de ce réservoir

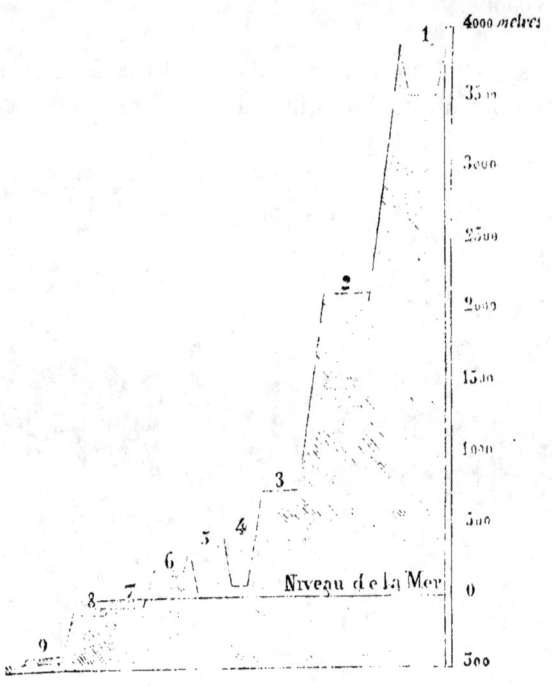

Fig. 84. — Niveau des lacs.

1. Lac Titicaca.
2. Lac Trubsée en Suisse.
3. Lac de Walchen.
5. Lac de Genève.
6. Lac Supérieur (Amérique du Nord).
7. Mer Caspienne.
8. Lac de Tibériade.
9. Mer Morte.

est au-dessus de celui du sol où l'on a foré la fontaine ar-
tésienne, la matière fluide jaillira comme un immense jet
d'eau, et ses eaux se répandront aux alentours.

Les jets d'eau, en effet, sont l'image des puits artésiens.
Celui des Tuileries, par exemple, puise son eau sur les colli-

nes de Chaillot ; il s'élève à une hauteur considérable, parce qu'il doit forcément aller rejoindre, à travers l'atmosphère, le niveau du réservoir qui en est la source. Prenez un tube en forme d'U, versez de l'eau ou un liquide quelconque dans une des deux branches, le fluide s'élèvera dans l'autre branche, et les niveaux des deux colonnes liquides seront exactement situés dans le même plan horizontal. Ce principe des vases communiquants est indépendant de la forme des vases : que le tuyau soit rond ou carré, elliptique ou sphérique, les surfaces libres du liquide seront toujours situées dans le même plan horizontal.

Ce principe si simple a toujours été regardé comme devant s'appliquer aux puits artésiens. En 1671, Cassini disait, en parlant des fontaines de Modène : « Peut-être ces eaux viennent-elles par des canaux souterrains, du haut du mont Apennin, qui est à 10 milles de ce territoire. »

Mais toutes les eaux situées dans les profondeurs du sol ne s'élèvent pas ainsi au-dessus de sa surface. Il est certaines eaux *paresseuses* qui demeurent inactives dans la croûte terrestre, et qui généralement se trouvent à une faible profondeur. Malheur aux sondeurs qui s'arrêtent à ces couches croupies et malsaines ! elles ne leur fourniront que des ondes impures, impuissantes à remonter d'elles-mêmes à l'endroit où manœuvre la sonde ; elles contiennent d'ailleurs les fétides infiltrations des cités. Qu'ils ne perdent pas courage, qu'ils traversent ces liquides fangeux, qu'ils creusent sans relâche, qu'ils s'enfoncent dans le sol, qu'ils se fassent un jour à travers les gisements de toute nature qui leur opposent des obstacles quelquefois bien pénibles à surmonter, qu'ils pénètrent dans les entrailles de la terre ; ils rencontreront des ondes pures et transparentes, des fleuves de lait que les sages de l'Inde appelaient les *mamelles du monde.*

Qu'on ne s'étonne pas de voir figurer ici le nom des prophètes de Brahma ; ils connaissaient l'art de forer les puits, et il est en Chine certaine excavation artificielle dont l'origine est presque aussi ancienne que le monde, et qui a une profondeur de 584 mètres; elle est destinée à aller chercher le sel gemme dans le sein de la terre. Les Chinois, qui nous ont précédés dans bien des découvertes, connaissent depuis des siècles les puits artésiens; ces puits doivent être admirés par ceux qui réservent leur louanges à tout ce qui n'est pas nouveau, pour vanter outre mesure les *vieilleries* du temps passé.

En France, on creusait des fontaines artésiennes dès l'année 1126. Le premier puits a été exécuté en Artois, et le nom de cette province a été donné aux fontaines jaillissantes artificielles. Au dix-septième siècle, Cassini faisait construire, au fort Urbain, un puits artésien dont l'eau jaillissait à 5 mètres au-dessus du sol. Bernard de Palissy, dont la vaste intelligence n'est restée étrangère à aucune tentative de la science, Bernard de Palissy, qui doit être considéré comme le créateur de la géologie, puisqu'il a su reconnaître, le premier, que les fossiles ne sont ni des jeux de la nature, ni l'effet des caprices du hasard, mais qu'ils nous représentent bien les vestiges de mondes anéantis, Bernard de Palissy, disons-nous, a, de son côté, conçu l'idée des puits artésiens, comme l'atteste l'épigraphe de ce chapitre.

Après le puits de l'Artois, après le puits de Cassini, on creusa d'autres puits dans d'autres localités où l'eau n'était pas éloignée du sol. En France, les résultats les plus remarquables ont successivement été obtenus à Tours, à Saint-Ouen, à Elbeuf et à Perpignan; l'Angleterre et l'Allemagne ne sont pas restées en arrière et ont fait aussi jaillir le précieux liquide des entrailles de la terre.

LE PUITS DE GRENELLE

Deux ans après la révolution de Juillet, Arago, ayant démontré que le sous-sol de Paris était destiné à recueillir les

eaux souterraines qui s'étendent à travers les terrains lointains, et que la nature semblait aussi avoir admis pour les
ondes qui parcourent l'intérieur du sol le système de la cen-
tralisation, décida le conseil municipal à pourvoir aux besoins
de la capitale, en exécutant le percement de certains puits
forés. Des nappes d'eau souterraines devaient certainement
exister au-dessous de notre brillante capitale; Arago et tous
les géologues l'affirmaient. Mais à quelle profondeur?

Nul ne le savait. Et la suite démontra que ces réservoirs
souterrains étaient protégés par une couche formidable dont
les dimensions étaient dignes d'une des premières métro-
poles du monde civilisé.

On reconnut bientôt que la nappe souterraine, ayant déjà
été utilisée pour alimenter les sondages des environs, ne
possédait pas une force ascensionnelle suffisante pour faire
jaillir de l'eau au niveau de Paris. Arago, sans se déconcerter
de ce mécompte, proposa hardiment de dépasser cette
couche liquide, de percer le dépôt des terrains qui sont dus
à l'océan crétacé, et d'atteindre les sables verts, dont le
gisement apparaît à la surface du sol aux environs de Troyes.
Le conseil des ministres se montra hésitant et perplexe;
mais Arago assurait le succès. L'autorisation fut donnée.

Le 29 novembre 1833, on apporta à l'abattoir de Grenelle
les instruments qui allaient accomplir une des plus admirables opérations de sondage. La sonde du puits de Grenelle
fut d'abord mue au moyen d'une chèvre que plusieurs hommes
faisaient agir; mais les hommes furent bientôt remplacés par
des chevaux (*fig.* 85), et la direction des travaux fut confiée
à M. Mulot, qui a toujours fait preuve, dans le courant de ce
travail, de la plus remarquable persévérance. Que de déboi-
res, que de déceptions cruelles il eut à supporter! Il avait la
foi qui sauve, et, certain du succès, il sut triompher sans
orgueil.

La première partie du forage du puits de Grenelle s'effectua sans obstacle; mais il faut se souvenir que, dans les

Fig. 85. Forage du puits de Grenelle.

sondages de ce genre, le proverbe : « Il n'y a que le premier pas qui coûte » doit être retourné, et que les difficultés augmentent à mesure que l'on avance. Plusieurs fois, dans ce long travail, commencé en 1833, la cuiller se brisa et se perdit au fond du puits. Qu'on se figure un outil en acier, d'un poids tel que le mouvement lui est imprimé par un bélier de 8,000 kilogrammes, tombant, à 3 ou 400 mètres sous terre, au fond d'un trou plus petit que le diamètre du corps d'un homme ! Dans quel embarras doit se trouver le sondeur qui, non-seulement a perdu ses outils, mais qui a obstrué avec une énorme masse d'acier le chemin qu'il devait s'ouvrir dans la terre ! Comment chercher, par un orifice obscur, plein de bourbe, plein d'eau, des morceaux de fer fortement scellés dans la pierre ? Il faut jeter dans ce gouffre des crochets, des cônes, des instruments qui opèrent tous à peu près au hasard, car ils sont séparés de la main qui les dirige par des tiges de plusieurs centaines de mètres.

Il faut entendre Arago lui-même raconter les mille péripéties d'un tel travail, les mille émotions qu'il a fait naître[1] ! Le 30 novembre 1834, la sonde fut brisée en sept morceaux ; elle ne fut retirée que trois mois plus tard... Enfin, quatre ans après les premiers travaux, en 1837, la cuiller tomba pour la troisième fois ; un câble venait de se briser. Les travaux furent retardés de quatorze mois. On était alors à une profondeur de 400 mètres. Rien n'annonçait que le travail tirât à sa fin. Les fonds s'épuisaient, et l'eau n'arrivait pas. Les ennemis de l'entreprise, ceux d'Arago, la presse presque tout entière, ne cessaient d'accabler les travailleurs par les sarcasmes et l'ironie... Ce déplorable accident faillit devenir un coup fatal.

Mais Arago, grâce aux mille ressources de son esprit persuasif, ranima la confiance, et, malgré de nouveaux embar-

---

[1] *Œuvres d'Arago. — Puits artésiens.*

ras, les travaux ne s'arrêtèrent pas. Bientôt on continua à se rapprocher chaque jour du liquide tant désiré.

Enfin, cette admirable entreprise fut menée à bonne fin.

« On était à 545 mètres; le 25 février 1841, la cuiller ramena un sable vert, humide, très-argileux, qui vint faire renaître l'espérance... Aussi, dès le lendemain, avant six heures, maîtres et ouvriers étaient à leur poste. »

Le lendemain, la cuiller s'enfonça librement à $0^m,50$. « C'était bon signe. » Tout à coup les chevaux qui manœuvraient éprouvèrent une violente secousse qui ébranla l'atelier, puis ils tournèrent sans effort. « *La sonde est cassée ou nous avons de l'eau,* » s'écria le directeur du travail. Bientôt « un sifflement aigu se fit entendre, et l'eau jaillit avec force au-dessus de l'encliquetage. »

Quelques heures après, Arago, qui assistait à une séance de la Chambre, reçut un billet ainsi conçu :

« Monsieur Arago,

« Nous avons l'eau.

« Mulot. »

C'était le 26 février 1841, à deux heures trente-cinq minutes.

Les premiers travaux avaient été commencés le 29 novembre 1833 !

LE PUITS DE PASSY

Les travaux exécutés à Grenelle ne coûtèrent à la ville de Paris que 350,000 francs : la vente des eaux du nouveau puits aux établissements publics et aux particuliers ne tarda pas à couvrir les frais de l'entreprise, et le conseil municipal, en écoutant les savants, avait fait un merveilleux placement. Il était permis de croire que de nouvelles fontaines artésiennes allaient encore fournir à notre capitale les eaux dont elle avait tant besoin ; mais il n'en fut pas ainsi. De longues années s'écoulèrent sans que l'on profitât de l'admirable enseignement donné par Arago.

En 1850, la ville de Paris conçut l'idée de transformer le bois de Boulogne en un jardin anglais ; il fallait trouver de l'eau pour remplir les lacs futurs, alimenter les rivières artificielles, imiter la chute du Rhin, et animer enfin les promenades qui allaient faire les délices des Parisiens.

Un ingénieur allemand, M. Kind, annonça qu'il prenait l'engagement de faire sortir de terre un jet d'eau de 15,000 mètres cubes, si on voulait lui confier la direction du forage d'un puits artésien possédant 1 mètre de diamètre dans toute sa longueur. Une commission ne recula pas devant cette entreprise, qui eût peut-être été trouvée trop dispendieuse s'il se fût agi d'alimenter des quartiers déshérités ou d'opérer un travail exclusivement utile ; mais le superflu est chose nécessaire, et les besoins du luxe ont bien souvent provoqué des efforts plus énergiques et des travaux plus pénibles que ceux de la salubrité ou de l'alimentation publique.

L'administration, impatiente de terminer l'œuvre commencée au bois de Boulogne, exigea de l'ingénieur la promesse de terminer les travaux en un an. M. Kind tint cet engagement, affirmant en outre que la somme de 350,000 fr. couvrirait les frais de l'entreprise ; il oubliait sans doute que les plans les mieux combinés sont souvent bouleversés par des accidents imprévus, car le puits de Passy coûta quatre fois plus d'argent, et exigea quatre fois plus de temps qu'on ne l'avait supposé. Mais, en considérant les difficultés qu'il a fallu vaincre, on doit s'estimer heureux d'avoir obtenu à ce prix un résultat utile.

Le forage du puits de Passy s'effectua au moyen d'un trépan à dents d'acier, qui, soulevé au moyen de pinces en fer fixées à l'extrémité d'une tige mue à la surface du sol, retombait violemment, et brisait, par son propre poids, la roche qu'il fallait percer. Le perfectionnement apporté par M. Kind consistait à isoler le trépan de la tige, ce qui évite ces secousses terribles qui furent une des grandes difficultés du forage du puits de Grenelle. Une fois que la roche est suffisamment broyée par le trépan, cet outil est retiré de l'orifice et remplacé par une cuiller destinée à enlever les débris des roches et la matière pulvérisée. La cuiller est un cylindre fermé à sa partie inférieure par une soupape s'ouvrant de l'extérieur. Quand on enfonce ce cylindre, la soupape s'ouvre en y laissant pénétrer le sable et les morceaux de roches; quand on le soulève, au contraire, elle se ferme et emprisonne ainsi les matériaux, qu'on peut retirer du puits.

A mesure que le trépan s'avance dans le sol, il faut descendre dans le puits un tube de fer destiné à ouvrir à l'eau un canal solide lui fermant les issues par lesquelles elle pourrait se perdre. Cette opération de tubage offre de très-grands dangers; elle fut, pour le puits de Passy, la cause de nombreux accidents qui faillirent compromettre le succès de cette vaste entreprise.

Après de longs efforts, après un travail assidu, les ingénieurs atteignirent la nappe liquide qui alimente le puits de Grenelle, et l'eau jaillit violemment à la surface du sol (*fig.* 86). Mais dès qu'elle sortit ainsi du sein de la terre, la quantité d'eau fournie par le puits de Grenelle diminua sensiblement : le puits foré par Mulot et Arago ne donna plus que 430 litres par minute au lieu de 640.

Le puits de Passy a une profondeur assez considérable, mais est loin d'atteindre cependant celle de certains puits, qui est quelquefois de 6 à 700 mètres. Les puits de New-Salzwerck et de Mondorff, par exemple, s'enfoncent dans le sol à 644 et 730 mètres. L'eau du puits de Passy est tiède ; elle est de tous points semblable à celle de Grenelle. Elle dissout le savon ; elle est potable dès qu'elle a dissous les gaz de l'air et que sa température s'est suffisamment abaissée.

Fig. 86. — Le puits de Passy.

En définitive, le puits de Passy est une belle œuvre, qui sera d'autant plus belle que ses eaux seront mieux employées. Si les ingénieurs ont commis quelques fautes dans cette opération de sondage, ils n'en ont pas moins rendu à la ville de Paris et à la science un grand service dont il faut leur savoir gré.

LES NOUVEAUX PUITS ARTÉSIENS

En présence des brillants résultats obtenus, la ville de Paris, anxieuse d'alimenter ses habitants, a entrepris le percement de deux nouveaux puits à la *Butte aux Cailles* et à la Chapelle. M. Chrétien, conducteur des travaux du premier puits, a eu l'heureuse idée d'organiser une collection de géologie intéressante, que nous avons examinée avec une vive satisfaction, et qui s'enrichit de jour en jour à mesure que le trépan s'enfonce davantage dans le sein de la terre. La profondeur atteinte aujourd'hui par l'instrument de forage excède 400 mètres ; mais ce puits est destiné à avoir une profondeur considérable, car il doit dépasser la couche souterraine qui alimente les puits de Grenelle et de Passy, pour aller chercher une autre nappe liquide inférieure, située peut-être à une profondeur beaucoup plus grande.

UTILISATION DE LA CHALEUR CENTRALE DU GLOBE PAR LES PUITS ARTÉSIENS

Il y aurait certainement bien des regrets à exprimer si on examinait l'exact devis des dépenses occasionnées par les puits artésiens ; mais si on étudie cette grande œuvre, au point de vue de la science, au point de vue de l'expérience, on est obligé de déclarer que tout est pour le mieux dans le meilleur des mondes possibles.

Depuis des siècles, des voyageurs ne se lassent pas de

parcourir la terre dans toute son étendue, et de fournir la description des contrées encore inconnues. En accroissant ainsi l'étendue des explorations, ils font avancer le moment où nous connaîtrons la surface tout entière du globe. Mais il n'en est pas de même pour la géographie souterraine. Que de mystères sont cachés sous l'écorce terrestre ! Les profondeurs du sol nous sont aussi inconnues que les profondeurs du firmament, et nous n'en savons guère plus sur la constitution de notre globe que sur celle des étoiles les plus éloignées.

Quel intérêt cependant, quelle utilité s'attacheraient aux explorations souterraines, et quel admirable résultat que d'utiliser la chaleur centrale de notre planète !

Les volcans, les sources thermales, les puits artésiens démontrent qu'à une certaine profondeur règne une chaleur excessive. On fait d'énormes dépenses pour amener à la surface du sol le charbon destiné à fournir la chaleur : ne pourrait-on pas essayer d'amener jusqu'à nous cette chaleur elle-même au lieu des combustibles qui doivent la produire ? Y a-t-il impossibilité d'envoyer dans le sein de la terre de l'eau qui reviendrait bouillante à la surface du sol, et qui nous fournirait la vapeur alimentant nos machines ? On fait tout avec de la chaleur. Le travail de l'homme est remplacé par celui que produisent quelques grammes de charbon. Avec le feu, on peut parer à l'intempérie des saisons, aux inconvénients des climats ; on peut modifier des substances alimentaires, activer le développement des plantes, accroître les ressources de la culture, décomposer enfin et recomposer les corps.

Il faut aller dérober à la terre cet élément précieux qui s'y trouve en si grande abondance, et se rappeler que Prométhée, en donnant le feu à l'homme, lui a donné l'empire du monde. La terre est une vaste mine de chaleur qu'il ne faut pas laisser inexploitée. Il ne s'agit point ici du puits de Maupertuis dont parle Voltaire, de ce fameux puits qui de-

vait traverser le globe d'une extrémité à l'autre, afin de nous
procurer le plaisir, en nous penchant sur le bord, de voir nos
antipodes comme au fond d'une vaste lunette ; il ne s'agirait
que de quatre lieues au plus, et on aurait atteint la température de l'eau bouillante. Nous ne faisons que joindre notre
faible voix à celle des Élie de Beaumont, des Walferdin et
des Babinet, qui ont plus d'une fois attiré l'attention sur
cette grande question, sans rien obtenir. Cette immense entreprise se réalisera-t-elle ? Nous l'ignorons ; cependant nous
ne pouvons nous défendre d'espérer qu'un jour, un autre
Arago exécutera ce travail, gigantesque si on le compare à
notre stature, mais bien minime relativement au diamètre
du sphéroïde terrestre. Un grand nombre de savants, de géologues, ont déjà émis l'idée que nous reproduisons ici, mais
nous sommes peut-être encore bien loin du jour où l'on
saura faire de la terre une inépuisable mine d'eau bouillante
et de force motrice.

Les vérités les plus claires ont souvent besoin d'être ré-
pétées pour être comprises, et les projets les plus sensés ne
sont pas toujours ceux qu'on réalise les premiers. Il est
donc permis d'espérer, en se souvenant qu'à force de demander on finit par obtenir, et qu'à force de poursuivre un
but tôt ou tard on y arrive. Le vieux Caton et son « *Delenda
est Carthago* » en est un exemple.

LES NOUVEAUX PUITS TUBULAIRES AMÉRICAINS
OU PUITS INSTANTANÉS

Un Américain, M. Norton, a imaginé il y a quelques années un système très-ingénieux qui permet de faire jaillir de
l'eau à la surface du sol dans un espace de temps restreint ;
le nouvel appareil, pour n'être pas merveilleux, n'en est pas
moins très-remarquable, et ceux qui le voient fonctionner
pour la première fois, ne peuvent se défendre d'un légitime

étonnement. Deux ouvriers, armés d'outils très-simples, travaillent à enfoncer dans le sol un tuyau métallique de 8 à 10 mètres de long ; ils parviennent à le faire disparaître dans la terre en une demi-heure ; une pompe est adaptée à sa partie supérieure, et tout à coup, une eau abondante et pure se met à jaillir comme sous les ordres d'un nouveau Moïse, sans qu'il soit nécessaire d'enlever la plus petite quantité de matériaux.

Le principe sur lequel repose le nouveau système est tellement élémentaire, qu'il est à peine nécessaire d'en faire mention. On sait que, dans un grand nombre de terrains, il existe des couches d'eau souterraines à une faible distance sous nos pas, comme le prouvent les puits ordinaires, qui n'atteignent généralement qu'une petite profondeur : supposons qu'une nappe liquide existe par exemple à 10 mètres au-dessous de la surface du sol, il s'agit tout simplement d'enfoncer dans la terre un tube étroit qui pénètre jusqu'au sein du réservoir naturel, et d'adapter une pompe à sa partie supérieure.

Voici comment on procède à l'exécution de ces nouveaux puits : on dispose sur le terrain une plate-forme solidement fixée par trois pieds en bois, et percée d'un trou dans lequel s'engage le tube métallique qui doit disparaître dans le sol ; ce tube aux parois très-épaisses a un diamètre intérieur de 35 millimètres et une hauteur de 3 à 4 mètres ; à sa partie inférieure il est percé de trous sur une hauteur de 50 centimètres environ ; il est enfin terminé par un cône d'acier très-bien trempé. On le frappe violemment au moyen d'un marteau pilon suspendu par deux cordes qui s'engagent dans les gorges de deux poulies. Ce marteau pesant, que deux hommes peuvent facilement faire agir, pourrait endommager le tube s'il le choquait directement à sa partie supérieure ; aussi est-il disposé de manière à agir sur un anneau circulaire solidement fixé au tube par des boulons ; on déplace et on remonte cet anneau à mesure que le tube s'enfonce, et l'opération, conduite par deux ouvriers habiles, s'exécute avec une très-grande rapidité. Quand le premier tube a presque entièrement disparu dans la terre, on y visse à sa partie supérieure un autre tube, et on recommence la même manœuvre ; une fois arrivé à une certaine profondeur, on descend dans la cavité intérieure une petite sonde formée d'une pierre attachée à une corde, et en examinant si elle revient sèche ou mouillée, on voit si l'on a atteint ou non la couche d'eau. Quand la partie inférieure et percée du tube a pénétré dans la nappe liquide souterraine, le travail est terminé, et on adapte alors une pompe à sa partie supérieure. On fait manœuvrer la pompe qui ramène d'abord à la surface du sol une eau trouble et bourbeuse par suite du mouvement de terre déterminé par l'enfoncement du cylindre métallique ; après une heure ou deux, on obtient une eau fraîche et limpide. Il va sans dire que si l'eau a une force ascensionnelle suffisante pour jaillir au niveau du sol, on a formé un puits artésien et la pompe devient inutile.

L'opération s'exécute généralement sans difficulté ; cependant, si le tube rencontre un obstacle très-résistant, comme un rognon de silex, il faut l'arracher et l'enfoncer ailleurs ; mais, dans la plupart des cas, en raison de son petit diamètre, il repousse les obstacles de côté et arrive, neuf fois sur dix, à la profondeur voulue. L'expérience exige en moyenne une heure de travail, et le tube de 10 mètres avec sa pompe est d'un prix très-modéré, ce qui permet de faire des essais souvent fructueux dans les exploitations agricoles. Un puits ordinaire nécessite de grands embarras ; il faut creuser le sol et enlever la terre, garnir le trou lentement foré d'un mur de maçonnerie, et si l'eau ne se rencontre pas, la dépense est complétement infructueuse. Grâce au nouveau système, on peut partout rechercher l'eau à peu de frais, sonder le sol avec une grande facilité, et dans le cas où l'on ne trouve pas de nappe liquide, on enlève le tube, on l'arrache et on peut le replanter ailleurs. Il est inutile d'insister sur les avantages de ce nouveau procédé, et les succès qu'il obtient de toutes parts sont les plus solides garanties de son étonnante efficacité.

En présence des remarquables résultats obtenus dans le nouveau monde, en Angleterre et en France, on a songé sous l'empire à appliquer le système de M. Norton au forage de puits artésiens en Algérie. Deux années environ avant la guerre de 1870, le maréchal Mac-Mahon avait fait l'acquisition de trois cents puits tubulaires qui ont pu contribuer dans de certaines limites à la transformation des sables incultes en terrains fertiles, en faisant apparaître des oasis partout où l'eau jaillissait. Le gouvernement anglais, au moment de sa campagne en Abyssinie, a expédié dans ce pays un grand nombre de ces tubes : les résultats ont dépassé toute espérance. Nous extrayons du journal le *Times* le récit des expériences exécutées en Abyssinie et relatées dans une lettre écrite par un correspondant, à la date du 20 janvier 1868.

« On vient de découvrir à Koomalyee, à l'aide du puits tubulaire américain, une source d'eau chaude, et comme Koomaylee, la première station sur la route de Senafé n'est qu'à 13 milles de distance de la baie d'Annesley, on parle d'y faire venir l'eau par des tuyaux... On vient encore de faire une autre découverte d'eau plus heureuse dans la passe de Senafé, à l'aide du même système. Vos lecteurs se rappelleront que, dans une de mes précédentes lettres, je racontais qu'une des plus grandes difficultés de la Passe était le manque d'eau entre le Sooroo supérieur et le Rayray Guddy, une distance de 30 milles environ. Un puits tubulaire vient d'être établi à Undul, qui se trouve à moitié route de ces deux endroits, ce qui facilitera singulièrement le mouvement des troupes et les approvisionnements jusqu'à Senafé. » Vingt jours après, un télégramme publié dans le même journal annonçait que de nouvelles découvertes d'eau potable avaient encore été faites par le système américain aux environs de Koomaylee.

On raconte que l'idée des puits tubulaires a pris naissance au moment de la guerre qui a momentanément divisé les États-Unis ; quelques soldats de l'armée du Nord avaient puisé l'eau dans un sol infertile, au moyen de tubes de fusil qu'ils brisaient et enfonçaient dans la terre ; M. Norton a plus tard perfectionné et rendu pratique cette invention.

CHAPITRE IX

> L'eau vient de jaillir... Une rivière bénie
> est arrachée aux mystérieuses profondeurs
> de la terre.
>
> GÉNÉRAL DESVAUX.

Si les pays que sillonnent les fleuves et les cours d'eau
nous offrent le spectacle d'une végétation abondante, d'une
nature luxuriante, où la vie règne avec tout son luxe et ses
épanouissements, les contrées arides et sèches, au contraire,
ne présentent à nos yeux que des sables sans limites, entièrement dépourvus de verdure et formant un triste ensemble
de désolation.

Au milieu de ces déserts brûlants, calcinés par les rayons
du soleil, si l'eau vient à surgir des entrailles du sol, bientôt
les sables, cessant d'être infertiles, donneront la vie à quelques plantes qui ne tarderont pas à croître sous l'influence
d'une humidité bienfaisante ; cette terre impraticable se cou-
vrira de verdure qui, étendant de jour en jour son domaine,
sera la subsistance des animaux qui la peupleront. A la nature mourante, stérile et désolée, succédera la nature vivante
riche, animée, qu'égayera sans cesse une généreuse végétation.
Les fleurs, les fruits, les grains se multiplieront à l'infini ;
les riantes prairies, les riches pâturages feront place à ces pla-

ges incultes, à ces tristes contrées, à ces pays abandonnés de la nature, qui a oublié d'en féconder le sol par un simple cours d'eau.

Donner la vie aux déserts, rompre par la présence des arbres et de la verdure la triste monotonie d'un terrain dénudé, peupler ces sables mornes et silencieux, telle peut être l'œuvre des puits artésiens.

Le vaste désert du Sahara n'a pas toujours été une plaine de sable, et les nombreuses coquilles de mollusques qu'on y rencontre nous apprennent que la mer en a jadis occupé la surface. Sur quelques collines on retrouve même les sillons qu'a façonnés la vague, et le sable est généralement imprégné de sel. Çà et là enfin, quelques lacs salés étendent leurs eaux comme les dernières gouttes adhérentes au fond d'un vase qu'on aurait vidé.

Il est probable que l'Océan qui couvrait le désert s'est lentement desséché; il a disparu sous forme de vapeur. La pluie est très-rare dans ces zones brûlantes, les montagnes qui s'y trouvent ne sont presque jamais couronnées du diadème de neige, le ciel leur refuse l'eau qu'il déverse dans d'autres contrées. L'eau distillée par le soleil n'a donc pas été remplacée, et, avec le temps, la mer intérieure s'est tarie. Une mer de sable a remplacé l'Océan liquide; le regard du voyageur qui parcourt ces déserts peut s'étendre jusqu'à l'horizon, en n'apercevant qu'une plage infinie, qu'une grande nappe jaunâtre, sans bornes et sans limites.

Mais sous le sable du désert est une couche liquide, que l'homme peut mettre à profit; il y a longtemps déjà que les indigènes habitant les confins du Sahara savent creuser les puits artésiens. Quelques outils des plus grossiers leur suffisent; ils creusent patiemment le sol; ils s'enfoncent peu à peu, en ramenant au bord de l'orifice la terre qu'ils ont enlevée, et ils parviennent, au prix d'une lutte persévérante, à une profondeur de cent ou deux cents brasses. Après avoir ainsi foré des couches successives de sable, de gravier et d'argile, ils atteignent une croûte schisteuse analogue à l'ardoise. Cette dernière enveloppe couvre le liquide précieux, le *Bahr ettahtâni* (*mer inférieure*) ; il suffit d'y creuser un dernier trou, qui est le dernier effort de ces infatigables ouvriers, et l'eau jaillit avec une telle force ascensionnelle, que les puisatiers, surpris à l'improviste, doivent quelquefois perdre la vie dans cette suprême tentative.

Si les puisatiers risquent souvent leur existence, ils ont la consolation de se voir véritablement vénérés par leurs compatriotes ; ils forment une corporation connue sous le nom de *Ghattas* (sondeur, plongeur), et le travail le plus pénible est pour eux l'objet d'une noble ambition. Ils ne reculent devant aucun obstacle, et le puits commencé à sec est souvent achevé sous une colonne d'eau de 40 mètres d'épaisseur, due aux eaux d'infiltration impossibles à éviter.

Qu'on se représente ces malheureux indigènes, forcés de plonger dans le liquide, où ils restent parfois quatre ou cinq minutes, de travailler au fond d'une eau fangeuse, et de remonter les quelques poignées de sable qu'ils ont extraites, en se hissant après la corde qui les soutient. Quand la besogne est aussi pénible, ils ne peuvent effectuer dans une journée que deux ou trois voyages souterrains ; il s'ensuit que le creusement des puits se réalise avec une lenteur vraiment désespérante. Des efforts de plusieurs années ne suffisent pas pour arriver au but tant désiré, pour arracher au sable du désert cette eau qu'il semble abandonner à regret.

« Quelquefois, dit M. Ch. Laurent, il arrive que le plongeur est suffoqué soit avant d'arriver au fond, soit pendant son travail, soit pendant qu'il accomplit son ascension pour revenir au jour. Un de ses compagnons, qui tient alternativement la corde servant à la fois de direction et de signal, averti par quelques secousses du danger que court le patient, se précipite à son secours, tandis qu'un autre le remplace à son poste d'observation, qu'il quitte aussi à un nouveau signal pour aller au secours de ses deux camarades. »

Qu'il y a loin de cette industrie élémentaire et grossière aux moyens de forage que nous savons mettre en jeu! qu'il y a loin de ces quelques poignées de sable, extraites avec tant de peine, à ces masses de rochers que peuvent broyer nos formidables trépans, et dont l'immense cuiller de fer sait enlever les débris! Rien ne résiste à nos puissants outils, tandis qu'une couche un peu dure de pierre est pour ces puisatiers indigènes une barrière infranchissable.

Le puits une fois terminé, quelques planches de bois en garnissent les parois pour éviter les éboulements; malgré cette précaution, il ne doit pas avoir une bien longue durée, et sa vie est tout éphémère. Au bout d'un temps très-limité, le sol détrempé s'éboule, et la source bénie est à jamais tarie, son issue est obstruée. Autour de la fontaine, un cultivateur avait pu vivre, y trouvant la subsistance indispensable à son existence; quelques palmiers avaient protégé de leur feuillage les premières plantations du désert. Mais le puits est comblé, l'oasis est anéantie. Le vent brûlant ne tardera pas à détruire ces vestiges de l'industrie humaine. Verdure et plantations disparaîtront. Le sable recouvrira d'une couche épaisse ces restes et ces débris qui sont le témoignage des plus persévérants efforts.

Deux ingénieurs français, MM. Fournel et Dubocq, les premiers, résolurent de substituer nos moyens de sondage aux procédés si naïfs des Arabes. Le général Desvaux leur donna un puissant appui : « Le hasard, dit cet officier, dans un rapport adressé au gouverneur de l'Algérie, m'avait conduit au sommet d'un mamelon de sable qui domine l'oasis entière. Vous dire les impressions que me causa la vue de cette oasis est impossible. A ma droite, les palmiers verdoyants, les jardins cultivés, la vie en un mot; à ma gauche, la stérilité, la désolation, la mort. Je fis appeler le scheik et les habitants, et l'on m'apprit que ces différences tenaient à ce que les puits du Nord étaient comblés par le sable et que les eaux parasites empêchaient de creuser de nouveaux puits. Encore quelques jours, et cette population devait se disperser, abandonner ses foyers et le cimetière où reposent leurs pères! Je compris, à ce moment, les féconds resultats que pourraient donner dans cette contrée les travaux artésiens, et grâce à vous qui avez bien voulu accueillir mes popositions, leur donner un appui, la vie sera rendue à plusieurs oasis de l'Oued-Rir, et l'avenir renferme les espérances les plus magnifiques. »

En 1855, M. Ch. Laurent fut chargé d'un voyage d'exploration pour étudier le sondage artésien ; un équipage de sonde ne tarda pas à s'organiser, et, un an plus tard, M. Jus, ingénieur civil, allait diriger les travaux du puits de Philippeville. Les instruments que nécessitait ce travail furent transportés bien difficilement jusqu'à l'oasis de Tamerna ; enfin, tout arriva à bon port ; et, le 1er mai, la sonde frappait de son premier coup le sol du Sahara. Cinq semaines après, on était arrivé à une profondeur de 60 mètres, quand tout à coup un bruissement terrible se fit entendre, et un immense torrent se précipita des entrailles du sol, torrent si abondant, qu'il fournissait 4,000 litres par seconde, 600 de plus que le puits de Grenelle.

Les ouvriers furent ainsi largement récompensés de leur labeur ; pendant plus d'un mois, les travaux n'avaient jamais été interrompus, malgré les rayons d'un soleil qui faisait monter à 46°, même à l'ombre, le mercure du thermomètre.

Les habitants de Tamerna et des environs apprirent immédiatement l'heureuse nouvelle, et tous accoururent sur les lieux du sondage. Chacun voulait assister au miracle et voir de ses propres yeux cette eau que les Français avaient arrachée du sol en cinq semaines, tandis que les indigènes auraient eu besoin d'un nombre égal d'années et de cinq fois plus d'ouvriers. Les femmes et les enfants de tout âge se précipitaient vers la source jaillissante, et s'en faisaient donner dans les bidons de nos soldats. Tout le monde s'embrassa, et des cris de joie troublèrent le silence de ces plages de sable.

On ne s'arrêta pas en si belle voie. Ce premier puits fut un heureux exemple, et peu de temps après son installation, cinq nouveaux puits étaient forés dans le désert. Le Sahara s'enrichit d'un tribut de 92,000 litres d'eau par minute, quantité équivalente au courant d'une petite rivière.

A Badna, à Biskara, à Ourlana, on fora de nouvelles fontaines artésiennes, et, de nos jours, le Sahara oriental est fécondé par des sources jaillissantes qui déversent sur le sol aride 100,000 mètres cubes d'eau par 24 heures !

Désormais l'homme et la civilisation pourront donc envahir ces immenses plages de sable, ces vastes déserts qui arrêtent les développements de la vie dans certaines parties des continents, et la famille humaine s'étendra, grâce aux puits artésiens, jusque vers des régions maudites qu'elle saura transformer en une vaste oasis. L'eau modifiera de toutes pièces l'aspect du sol dénudé ; et, convenablement distribuée dans les canaux d'irrigation, elle fécondera le sol jadis infertile.

Depuis dix ans, les régions du Sahara, ouvertes aux fontaines artésiennes, se sont recouvertes de cent cinquante mille palmiers, et ces arbres généreux abritent chaque jour davantage le sol desséché qu'ils garantissent d'une ombre bienfaisante.

Ces branches se développent et grandissent peu à peu ; elles permettent bientôt à la culture de prendre naissance. Certaines parties de l'Algérie, jadis soumises aux effets du simoun, et dont le terrain siliceux était uniquement formé d'un sable infertile, sont aujourd'hui cachées sous un léger duvet de terre végétale où poussent les abricotiers, où prospèrent, même pendant l'hiver, l'orge et divers légumes.

On ne saurait trop applaudir à ces nobles entreprises couronnées d'un succès aussi admirable, et le forage des puits du Sahara doit être considéré comme une des gloires les plus durables de notre envahissement dans l'Algérie ; conquête toute pacifique, cent fois préférable aux victoires acquises au prix du sang ! Puissent ces travaux inaugurer une ère nouvelle : la fin du règne de l'épée cédant la place aux armes qui président à l'industrie et à l'agriculture !

Nous pourrions prolonger longtemps encore l'énumération des services rendus par l'eau à l'homme, à la science, à l'industrie, et nous n'en finirions pas s'il fallait parler en détail des usages multiples auxquels se prête un liquide aussi précieux. Force motrice, la vapeur d'eau anime les machines qui se prêtent à tous les besoins de l'industrie : c'est elle qui entraîne la locomotive sur les rails de fer ; c'est elle qui dirige sur les mers ces bâtiments énormes dont les roues frappent l'onde comme les nageoires d'un monstre marin formidable. Grâce à la vapeur d'eau, l'industrieuse Angleterre a décuplé ses forces, et, d'après des calculs récents, le travail qu'elle accomplit annuellement à l'aide de la vapeur est équivalent à celui que produiraient quatre cent millions d'hommes !

Liquide, l'eau fait tourner l'aube des moulins, elle broie le blé. Les fleuves et les canaux, enfin, nous aident à effectuer nos transports. Véritables « routes qui marchent, » ils sont la base du commerce et de l'alliance des peuples.

Toutes ces questions du plus haut intérêt, nous devons les passer sous silence pour ne point dépasser les limites du cadre qui nous est tracé.

Ce livre n'est pas une œuvre scientifique proprement dite et nous avons seulement cherché à y exposer quelques faits importants relatifs à l'histoire d'un des corps les plus saillants de la nature ; nous avons voulu esquisser le rôle de l'eau dans les harmonies du monde, l'importance de son étude et l'excellence de son emploi dans l'industrie et l'hygiène.

Notre vœu est accompli si le lecteur a feuilleté sans trop de fatigue et d'ennui les pages qui précèdent ; notre désir est réalisé si nous avons su lui inspirer un instant d'admiration pour quelques beaux phénomènes de la nature, et pour quelques grandes conquêtes de la science.

Jean-Jacques Rousseau prétendait que la science rend l'homme malheureux et coupable, et il préférait au savant qui interroge la nature l'ignorant qui mène une vie paisible sans se soucier de ce qui l'entoure. Il oubliait que l'homme ne peut se défendre des nobles aspirations qui le font agir, du besoin de connaître qui le pousse en avant, de l'insatiable désir qui l'anime et lui commande.

Partout où les vagues de la mer frappent le rivage, le sentiment de la nature libre et puissante s'empare de nous. A la vue de ces flots où s'agite un monde de vie, à la vue de ces fucus, de ces algues formant sur l'onde mille stries verdoyantes, on devine, par une intuition mystérieuse, que tout, dans le monde obéit, à des lois éternelles et immuables. L'esprit, en face de la nature, s'abandonne au cours de ses rêveries, il cède au souffle de la pensée qui le dirige, il aspire à pénétrer dans la sphère de l'idéal.

L'ignorant peut jouir assurément du bonheur de la vie matérielle, mais il lui est interdit de connaître la félicité sans bornes que la nature réserve à celui qui sait la comprendre, de goûter l'ineffable joie du chercheur qui parvient à inscrire quelques nouvelles lignes dans le grand livre des connaissances humaines.

La science est une source inépuisable et chacun peut s'y désaltérer, chacun peut moissonner dans son domaine ; sur cette terre de l'esprit il ne manquera jamais de récoltes à

faire ni de victoires à gagner, et ce n'est pas aux conquêtes de l'intelligence que pourront s'adresser les regrets
d'Alexandre.

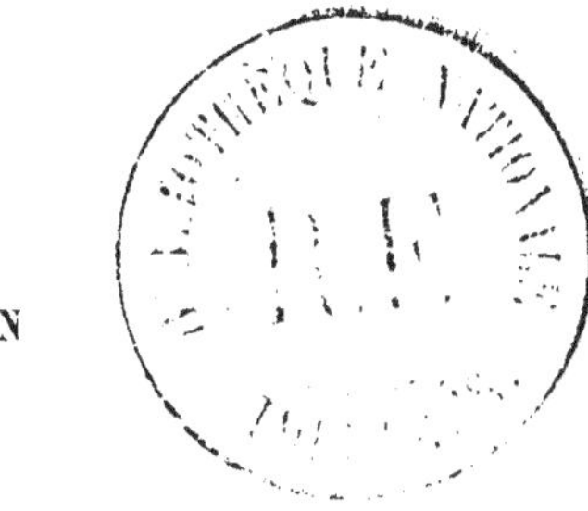

FIN

TABLE DES CARTES

TABLE DES GRAVURES

TABLE DES MATIÈRES

III

LE TRAVAIL DE L'EAU SUR LES CONTINENTS

IV

LA COMPOSITION DE L'EAU ET SES PROPRIÉTÉS PHYSIQUES ET CHIMIQUES

V

LES USAGES DE L'EAU

BERTHET (Elie). *L'enfant des bois.* 3 éd. 1 vol. illustré de 61 vignettes.

BLANCHÈRE (De la). *Les aventures de La Ramée et de ses trois compagnons.* 2e édit. 1 vol. illustré de 36 vignettes par E. Forest.

— *Oncle Tobie le pêcheur.* 2 édit. 1 vol. illust. de 40 vignettes par Foulquier et Mesnel.

BOITEAU (P.). *Légendes recueillies ou composées pour les enfants.* 2e édit. 1 v. illustré de 42 vignettes par Bertall.

CARRAUD (Mme Z.). *La petite Jeanne, ou le Devoir.* 4e édit. 1 vol. illustré de 20 vign. par Forest. (Ouvrage couronné par l'Académie française.)

— *Les métamorphoses d'une goutte d'eau,* suivies des *Aventures d'une fourmi, des guêpes,* etc. 1 vol. illust. de 50 vignettes par Émile Bayard.

— *Les goûters de la grand'mère.* 2e édit. 1 vol. illust. de 17 vign. par Bayard.

CASTILLON (A.) *Les récréations physiques.* 2e édit. 1 vol. illust. de 36 vignettes par Castelli.

— *Les récréations chimiques,* faisant suite aux *Récréations physiques.* 2e éd. 1 v. illust. de 34 vign. par H. Castelli.

CHABREUL (Mme de) *Jeux et exercices des jeunes filles.* 5e édit. 1 vol. illustr. de 50 vignettes par Fath, et contenant la musique des rondes.

COLET (Mme L.). *Enfances célèbres.* 7e éd. 1 vol. illustré de 57 vignettes par Foulquier.

CONTES ANGLAIS, traduits par Mme de Witt. 1 vol. illust. de 43 vign. par E. Morin.

EDGEWORTH (Miss). *Contes de l'adolescence,* traduits par A. Le François, 2e édit. 1 vol. illust. de 22 vign. par Morin.

— *Contes de l'enfance,* traduits par le même. 1 vol. illust. de 22 vignettes par Foulquier.

FÉNELON. *Fables.* 1 vol. illustré de 22 vignettes par Forest et E. Bayard,

FOË (De). *La vie et les aventures de Robinson Crusoé,* traduites de l'anglais, édition abrégée. 1 vol. illustré de 40 vignettes.

GENLIS (Mme de). *Contes moraux.* 1 vol. illustré de 40 vign. par Foulquier, etc.

GOURAUD (Mlle Julie). *Les enfants de la ferme.* 1 vol. illustré de 50 vignettes par E. Bayard.

— *Le livre de maman.* 2e édit. 1 vol. illustré de 68 vignettes, par E. Bayard.

— *Cécile, ou la petite sœur.* 3e édit. 1 vol. illustré de 25 vignettes par Desandré.

— *Lettres de deux poupées.* 3e édit. 1 vol. illustré de 59 vignettes par Olivier.

— *Le petit colporteur.* 2e édit. 1 vol. illustré de 27 vign. par A. de Neuville.

— *Les mémoires d'un petit garçon.* 2e éd. 1 vol. ill. de 75 vign. par E. Bayard.

— *Les mémoires d'un caniche.* 3e éd. 1 v. illust. de 75 vign. par E. Bayard.

— *L'enfant du guide.* 2e éd. 1 vol. illust. de 25 vign. par E. Bayard.

GRIMM (Les frères). *Contes choisis,* traduits de l'allemand par Frédéric Baudry. 1 vol. ill. de 40 vign. par Bertall.

HAUFF. *La caravane,* traduit de l'allemand par A. Talon. 1 vol. illustré de 40 vignettes par Bertall.

— *L'auberge du Spessart,* traduit de l'allemand par le même. 2e édit. 1 v. illust. de 61 vignettes par Bertall.

HAWTHORNE. *Le livre des merveilles,* traduit de l'anglais par L. Rabillon. 2 vol. 1re série illust. de 20 vign. par Bertall. 1 vol.; 2e série illust. de 20 vign. par Bertall. 1 vol. — Chaque série se vend séparément.

HÉBEL et KARL SIMROCK. *Contes allemands,* imités de Hébel et de Karl Simrock, par N. Martin. 1 vol. illust. de 27 vignettes par Bertall.

MARCEL (Mme Jeanne). *L'école buissonnière.* 1 vol. illustré de 20 vign. par A. Marie.

— *Le bon frère.* 2e éd. 1 vol. illust. de 20 vignettes par E. Bayard.

— *Les petits vagabonds.* 2e édit. 1 vol. illust. de 25 vign. par E. Bayard.

MARMIER. *L'arbre de Noël.* 1 vol. illust. de 69 vignettes par Bertall.

MAYNE-REID (Le capitaine). Ouvrages traduits de l'anglais :

— *Les chasseurs de girafes.* 1 vol. trad. par H. Wattemare, et illust. de 10 vignettes par A. de Neuville.

— *A fond de cale,* traduit par Mme H. Loreau. 1 vol. illust. de 12 grandes vig.

— *A la mer!* traduit par Mme H. Loreau, 4e éd. 1 vol. illustré de 12 grandes vignettes.

— *Bruin, ou les chasseurs d'ours,* traduit par A. Letellier. 1 vol. illust. de 8 vign.

— *Le chasseur de plantes,* trad. par Mme H. Loreau. 1 vol. illust. de 12 grandes vignettes.

— *Les exilés dans la forêt,* traduit par Mme H. Loreau. 1 vol. illustré de 12 grandes vignettes.

— *Les grimpeurs de rochers,* traduit par Mme H. Loreau. 1 vol. illust. de 20 grandes vignettes.

— *Les peuples étranges,* traduit par Mme H. Loreau. 1 vol. illust. de 8 grandes vignettes.

— *Les vacances des jeunes Boërs,* trad. par Mme H. Loreau. 1 vol. illust. de 12 grandes vignettes.

— *Les veillées de chasse,* trad. par H. B. Révoil. 1 vol. illust. de 43 vign. par Freeman.

— *L'habitation du désert,* ou Aventures d'une famille perdue dans les solitudes de l'Amérique. Trad. par Ferd. Le François. 1 vol. illust. de 24 grandes vignettes par G. Doré.

PEYRONNY (Mme de), née d'Isle. *Histoire de deux âmes.* 2e éd. 1 vol. illust. de 53 vignettes par J. Devaux.

PATRAY (Mme la vicomtesse de). *Les enfants des Tuileries.* 2e édit. 1 vol. illust. de 29 vignettes par Bayard.

— *Les débuts du gros Philéas.* 2e édit. 1 vol. illust. de 57 vign. par H. Castelli.

RENDU (V.) *Mœurs pittoresques des insectes.* 1 vol. illust. de 49 vignettes.

SANDRAS (Mme). *Mémoires d'un lapin blanc.* 2e édit. 1 vol. illust. de 20 vign. par E. Bayard.

SÉGUR (Mme la comtesse de). *Après la pluie le beau temps.* 2e éd. 1 vol. illust. de 92 vign. par E. Bayard.

— *Le mauvais génie.* 1 vol. illust. de 90 vignettes par E. Bayard.

— *Comédies et proverbes.* 3e édit. 1 vol. illust. de 60 vign. par E. Bayard.

— *Diloy le chemineau.* 3e édition. 1 vol. illust. de 90 vign. par H. Castelli.

— *François le bossu.* 4e éd. 1 vol. illust. de 100 vignettes par E. Bayard.

— *Jean qui grogne et Jean qui rit.* 2e éd. 1 vol. illust. de 80 vignettes par H. Castelli.

— *La fortune de Gaspard.* 1 vol. illust. de 32 vign. par Gerher.

— *La sœur de Gribouille.* 3e édit. 1 vol. illust. de 70 vign. par Castelli.

— *L'auberge de l'ange gardien.* 4e édit. 1 v. illust. de 75 vign. par Foulquier.

— *Le général Dourakine.* 5e édit. 1 vol. illust. de 108 vign. par E. Bayard.

— *Les bons enfants.* 6e édit. 1 vol. illust. de 70 vign. par Ferogio.

— *Les deux nigauds.* 5e édit. 1 vol. illust. de 70 vignettes par Castelli.

— *Les malheurs de Sophie.* 9e éd. 1 vol. illust. de 42 vign. par Castelli.

— *Les petites filles modèles.* 8e édit. 1 vol. illust. de 24 grandes vignettes par Bertall.

— *Les vacances.* 4e édit. 1 vol. illust. de 40 vignettes par Bertall.

— *Mémoires d'un âne.* 8e édition. 1 vol. illustré de 75 vignettes par Castelli.

— *Pauvre Blaise.* 5e édition. 1 vol. illustré de 76 vignettes par H. Castelli.

— *Quel amour d'enfant !* 4e édition. 1 vol. illustré de 79 vignettes par E. Bayard.

— *Un bon petit diable.* 5e édition. 1 vol. illustré de 100 vignettes par Castelli.

STOLZ (Mme de). *La maison roulante.* 1 vol. illustré de 20 vignettes sur bois par E. Bayard.

— *Le trésor de Nanette.* 2e édition. 1 vol. illustré de 24 vignettes par E. Bayard.

— *Blanche et noire.* 1 vol. illustré de 34 vign. par E. Bayard.

SWIFT. *Voyages de Gulliver à Lilliput, à Brobdingnag et au pays des Houyhnhnms,* traduit de l'anglais et abrégé à l'usage des enfants. 1 vol. illustré de 57 vignettes.

TAULIER (Jules). *Les deux petits Robinsons de la Grande-Chartreuse.* 3e édit. 1 vol. illust. de 69 vign. par E. Bayard et Hubert Clerget.

TOURNIER. *Les premiers chants,* poésies à l'usage de la jeunesse. 1 vol. illust. de 20 vig. par Gustave Roux.

VIMONT (Ch.). *Histoire d'un navire.* 4e édit. 1 vol. illustré de 40 vign. par Alex. Vimont.

WITT, née Guizot (Mme de). *Enfants et parents.* 1 vol. illustré de 34 vignettes par A. de Neuville.

3e SÉRIE — POUR LES ADOLESCENTS

POUVANT FORMER UNE BIBLIOTHÈQUE POUR LES JEUNES FILLES DE 14 A 18 ANS

VOYAGES

AGASSIZ (M. et Mme). *Voyage au Brésil,* traduit de l'anglais par Vogeli, et abrégé par J. Belin de Launay. 1 vol. avec vignettes et cartes.

AUNET (Mme L. d'). *Voyage d'une femme au Spitzberg.* 1 vol. illustré de 34 vign.

BAINES (Thomas). *Voyages dans le sud-ouest de l'Afrique,* traduit et abrégé par J. Belin de Launay, 1 vol. contenant une carte et 22 grav.

BAKER (Sir Samuel White). *Le lac Albert N'yanza.* 2e édit. Nouveau voyage aux sources du Nil. 1 vol. abrégé sur la traduction de Gustave Masson, par J. Belin de Launay, et contenant 20 vignettes et 2 cartes.

BALDWIN. *Du Natal au Zambèse.* 1860-1861. Récits de chasses. Traduction de Mme Henriette Loreau, abrégée par J. Belin de Launay. 2e édition. 1 vol. illust. de 24 grav. et 1 carte.

BURTON (Le capitaine). *Voyages à la Mecque, aux grands lacs d'Afrique et chez les Mormons,* abrégé par M. J. Belin de Launay. 1 vol. contenant 12 gravures et 3 cartes.

CATLIN. *La vie chez les Indiens.* traduit de l'anglais. 1 vol. illustré de 25 vign.

HERVÉ ET DE LANOYE. *Voyage dans les glaces du pôle arctique.* 1 vol. illust. de 40 vign.

HAYES (Dr J.-J.). *La mer libre du pôle.* Traduction de N. F. de Lanoye, abrégée par M. J. Bellin de Launay. 1 vol. contenant 14 grav. et 1 carte.

LANOYE (Ferd. de). *Le Nil et ses sources.* 2e édit. 1 vol. illustré de 52 vign. et de cartes.

— *Ramsès le Grand, ou l'Égypte il y a trois mille trois cents ans.* 1 vol. illust. de 40 vign. par Lancelot, Bayard, etc.

— *La Sibérie.* 2e édit. 1 vol. illust. de 40 vign. par Lebreton, etc.

— *Les grandes scènes de la nature.* 2e éd. 1 vol. illustré de 40 vign.

— *La mer polaire,* voyage de *l'Érèbe* et de *la Terreur,* et expédition à la recherche de Franklin. 3e édit. 1 vol. illust. de 26 vign. et accompagné de cartes.

LIVINGSTONE (David et Charles). *Voyages dans l'Afrique australe,* abrégé par J. Belin de Launay. 1 vol. illustré de 20 gravures sur bois et d'une carte.

MAGE (L.). *Voyage dans le Soudan occidental* (Sénégambie, Niger), abrégé par J. Belin de Launay. 1 vol. avec vign. et cartes.

MILTON ET CHEADLE. *De l'Atlantique au Pacifique.* Trad. abrégée par J. Belin de Launay. 1 vol. illustré de 16 gravures.

MOUHOT (Ch.). *Voyage dans le royaume de Siam, le Cambodje et le Laos.* 1 vol. illustré de 28 grav. et d'une carte.

PALGRAVE (W. G.). *Une année dans l'Arabie centrale.* trad. abrégée par J. Belin de Launay, avec 12 grav. et une carte. 1 vol.

PFEIFFER (Mme Ida). *Voyages autour du monde.* 2e édit. 1 vol. illustré de 16 grav. et d'une carte.

PERRON D'ARC. *Aventures en Australie, neuf mois chez les Nagarnooks.* 2e édit. 1 vol. illustré de 25 grav. par Lix.

PIOTROWSKI. *Souvenirs d'un Sibérien.* 1 vol. illust. de 10 gravures.

SPEKE. *Les sources du Nil* Edit. abrégée par J. Belin de Launay des Voyages de Speke et de Grant. 2e édition. 1 v. illust. de 24 grav. et de 3 cartes.

VAMBÉRY (Arminius). *Voyage d'un faux derviche dans l'Asie centrale,* traduit de l'anglais par E. D. Forgues, et abrégé par J. Belin de Launay. 2e édition. 1 v. illustré de 16 vign. et d'une carte.

HISTOIRE

LE LOYAL SERVITEUR. *Histoire du gentil seigneur de Bayard,* revue et abrégée, à l'usage de la jeunesse, par Alph. Feillet. 2e édit. 1 vol. illust. de 36 vig. par P. Sellier.

MONNIER (Marc). *Pompéi et les Pompéiens.* Edit. à l'usage de la jeunesse. 1 vol. illust. de 20 vign. par Thérond.

PLUTARQUE. *Les Grecs illustres.* Edition abrégée sur la traduct. de M. E. Talbot, par Alph. Feillet. 1 vol. illust. de 53 vign. par P. Sellier.

— *Les Romains illustres.* Edit. abrégée par A. Feillet sur la trad. de M. Talbot. 1 vol. il. de 69 vign. par P. Sellier.

RETZ (Cardinal de). *Mémoires* abrégés par Alph. Feillet et illust. de 30 vign. par Gilbert, etc. 1 vol.

LITTÉRATURE

BERNARDIN DE SAINT-PIERRE. *Œuvres choisies.* 1 vol. illust. de 20 vign. par E. Bayard.

CERVANTÈS. *Histoire de l'admirable don Quichotte de la Manche.* Edit. à l'usage de la jeunesse. 1 vol. illust. de 54 vign. par Bertall et Forest.

HOMÈRE. *L'Iliade et l'Odyssée,* traduites par P. Giguet, abrégées par Alph. Feillet, et illust. de 53 vign. sur bois par Olivier. 1 vol.

LE SAGE. *Aventures de Gil Blas.* Edition destinée à l'adolescence. 1 vol. illust. de 42 vign. par Leroux.

MAC-INTOSCH (Miss). *Contes américains,* traduits par Mme Dionis. 2 vol. illust. de 120 vign. par E. Bayard.

MAISTRE (Xavier de). *Œuvres choisies.* 1 vol. illust. de 20 vig. par E. Bayard.

MOLIÈRE. *Œuvres choisies,* abrégées à l'usage de la jeunesse. 2 vol. illust. de 22 vign. par Hillemacher.

VIRGILE. *Œuvres choisies,* traduites et abrégées à l'usage de la jeunesse, par Th. Barrau et Alph. Feillet. 1 vol. illustré de 20 vign. par P. Sellier.

Typographie Lahure, rue de Fleurus, 9, à Paris.